增修版

An Introduction to Polymeric Materials

高分子材料導論

● 徐武軍 編著

增 修 版 序

　　除了修正原版中的疏誤之外，增修版試圖將聚合物分子結構與性質和用途之間的關係，表達得更清楚一點；同時在討論聚合物的加工過程時，將聚合物和其它的材料作比較，以說明聚合物材料的特性。

　　增修版將原版第二章內容區分為性質和用途兩章；將原版第五章第一節黏流併入了原版的第四章。

　　在內容上，對原版的第一、二、五章作了大幅度的增修。在附錄中增加了聚合物的原料及來源。

徐武軍 謹誌

2012 年夏

自 序

──編寫這本書的原因和目的──

　　編寫本書的目的是企圖以敘述的方式重點式的將和高分子材料相關的基本觀念和常識，用簡單的文字表達出來。期盼有化學基礎的同學可以比較輕鬆地學習到這些基本觀念和常識，以作為進一步修習其他相關課程的基礎。全書的主軸是分子結構決定聚合物的性質，而性質又決定其用途及加工方法。和市場上其他同性質的書籍相比較，本書的第一至第四章相對的比較簡約；而書中的第五至第七章則一般不包含在導論性的書中。

　　楊怡寬兄對本書的內容作了非常詳細的校正。修正了很多編者在觀念上和文字上的混淆不清，這是要特別感謝的。書內容的選擇和表達的方式，是要由編者負責的。並期盼讀者能坦誠賜教，以便編者能日有寸進。

　　本書是為元潔、元純而寫，更是獻給勵君的。

徐武軍 謹記

2004 年春於東海大學化工系

目　錄

Chapter 2　高分子材料的分子結構與強度　35

Chapter 3　高分子材料的性質與用途　75

Chapter 4　分子結構與相容性　109

Chapter 7　聚合物的助劑　221

Chapter 8　功能性聚合物　259

Chapter 1
高分子聚合物

高分子聚合物在人類的生活中占有非常重要的地位，舉凡衣用的纖維、食品包裝、建築和車、船、飛機等都必須用到高分子聚合物材料。所謂的石油化學工業，90%以上的產品都是與聚合物有關。本章將依次說明由小分子化合物形成高分子聚合物的過程、聚合物的原料（單體）、聚合物的形態、和聚合物的製程、及相關的名詞和概念。

1.1 沿革

產自自然界而為人類所熟知的聚合物包含有：
1. 天然纖維：如棉、毛、絲、麻、紙等。
2. 天然橡膠。
3. 漆等。

人類對天然聚合物的深度加工，始自 1850 年左右對天然橡膠的加硫交聯和利用碳黑加強其物性。最早商業上市的人工合成聚合物是 1909 年由 L. Baekelend 所研發（德國 Bayer 公司）的由酚與甲醛所縮合（poly condensation）而成的酚醛樹脂。由 1910 年到二次世界大戰之間，若干至今仍在使用的聚合物已商業化生產，如 PVC（polyvinyl chloride，聚氯乙烯）、PS（polystyrene，聚苯乙烯）、NBR（nitrile rubber，丁腈橡膠）、Teflon（聚四氟乙烯）和 Nylon 6/6（尼龍 6/6）等。德國在乳化聚合上做了很多的研究，杜邦公司的 Crother 兄弟研

發出 Nylon 6/6 也對聚合物的型態做了一些基本的研究和整理工作。

　　二次大戰之後，石油化學工業，也就是聚合物工業，正式開始成為化學工業最大的主流。獲得諾貝爾化學獎的 Zeigler 和 Natta，發明了使聚合物單體在聚合反應時，分子能定向或配位（coordinated）排列的配位催化劑（coordination catalyst），而導致可以聚合出分子排列規則而容易形成結晶（crystalline）的聚合物，是聚合物產業上的重要里程碑；後續的 Metallocene 催化劑，其配位功能更高於 Zeigler Natta 催化劑。Paul J. Flory 於 1953 年出版的「Principle of Polymer Chemistry」，是討論聚合物物理和化學理論的經典之作，影響迄今。

　　本書的內容集中於人工合成聚合物。

1.2　聚合物與單體

　　聚合物（polymer）是分子量很大的大分子（macromolecule），但是並不是所有的大分子量的化合物都是聚合物。在本節中將依次說明聚合物的定義以及其分子結構和型態。

　　*聚合物*是由分子量較小的*重複*（repeating）*單元*〔亦稱之為*結構*（structure）*單元*〕所組成，也只有由重複單元所組成的大分子才能稱之為聚合物。

　　聚合反應（polymerization）的原料稱之為單體（monomer），是低分子量化合物。單體，在經過聚合反應之後形成結構單元，結構單元以化學鍵（chemical bond）連結為聚合物。表 1–1 列出了若干商業生產聚合物的單體及其結構單元。

表 1−1　單體、聚合物及其重複或結構單元

序號	單體名稱	單體結構	聚合物名稱	結構單元
1	乙烯，ethylene	$CH_2=CH_2$	聚乙烯，PE	$-\!(CH_2-CH_2)_n$
2	丙烯，propylene	$CH_2=CH$ $\quad\quad\mid$ $\quad\quad CH_3$	聚丙烯，PP	$-\!(CH_2-CH)_n$ $\quad\quad\quad\mid$ $\quad\quad\quad CH_3$
3	異丁烯，i-butylene	$\quad\quad CH_3$ $\quad\quad\mid$ $CH_2=C$ $\quad\quad\mid$ $\quad\quad CH_3$	聚異丁烯，polyiso-butylene	$\quad\quad\quad CH_3$ $\quad\quad\quad\mid$ $-\!(CH_2-C)_n$ $\quad\quad\quad\mid$ $\quad\quad\quad CH_3$
4	丁二烯，butadiene	$CH_2=CHCH=CH_2$	聚丁二烯，PB	$-\!(CH_2-CH_2-CH=CH)_n$
5	異戊二烯，isoprene	$CH_2=CCH=CH_2$ $\quad\quad\mid$ $\quad\quad CH_3$	聚異戊二烯，polyisoprene	$-\!(CH_2-C-CH_2)_n$ $\quad\quad\quad\mid$ $\quad\quad\quad CH_3$
6	苯乙烯，styrene SM	$CH_2=CH$ $\quad\quad\mid$ $\quad\quad\bigcirc$	聚苯乙烯，PS	$-\!(CH_2-CH)_n$ $\quad\quad\quad\mid$ $\quad\quad\quad\bigcirc$
7	丙烯腈，acrylonitrile	$\quad\quad CN$ $\quad\quad\mid$ $CH_2=CH$	聚丙烯腈，PAN	$-\!(CH_2-CH)_n$ $\quad\quad\quad\mid$ $\quad\quad\quad CN$
8	醋酸乙烯酯，vinylacetate	$CH_2=CH$ $\quad\quad\mid$ $\quad\quad OOCCH_3$	聚醋酸乙烯酯，PVAC	$-\!(CH_2-CH)_n$ $\quad\quad\quad\mid$ $\quad\quad\quad OOCCH_3$
9	氯乙烯，VCM，Vinyl chloride	$CH_2=CH$ $\quad\quad\mid$ $\quad\quad Cl$	聚氯乙烯，PVC	$-\!(CH_2-CH)_n$ $\quad\quad\quad\mid$ $\quad\quad\quad Cl$
10	四氟乙烯，ethylene tetra-fluoride	$CF_2=CF_2$	聚四氟乙烯，Teflon	$-\!(CF_2-CF_2)_n$

表 1-1 單體、聚合物及其重複或結構單元（續）

序號	單體名稱	單體結構	聚合物名	結構單元
11	甲基丙烯酸甲酯，MMA，methyl methacrylate	$CH_2{=}C\begin{smallmatrix}CH_3\\COOCH_3\end{smallmatrix}$	聚甲基丙烯酸甲酯，PMMA	$-(CH_2{-}C)_n^{CH_3}$ COOCH$_3$
12	己內醯胺，caprolactam	$\begin{smallmatrix}O\\\|\\C\end{smallmatrix}$ H$_2$C NH H$_2$C CH$_2$ H$_2$C—CH$_2$	尼龍 6，Nylon 6	$-(C{-}N{-}(CH_2)_5)_n$ H
13	甲醛，formaldehyde	HCHO	聚醛，POM	$-(O{-}CH_2)_n$
14	二甲基苯酚，dimethyl phenol	HO⟨⟩ CH$_3$ / CH$_3$	聚苯醚，PPO	$-(O{-}⟨⟩)_n$ CH$_3$ / CH$_3$
15	對苯二甲酸，PTA 及乙二醇，ethylene glycol	HOOC⟨⟩COOH HOCH$_2$CH$_2$OH	聚酯，PET	$-(OCH_2CH_2OC{-}⟨⟩{-}C)_n$
16	己二胺，hexame thylene diamine 及己二酸，adpic acid	H$_2$N(CH$_2$)$_6$NH$_2$ HOOC(CH$_2$)$_4$COOH	尼龍 6/6，Nylon 6/6	$-(N{-}(CH_2)_6N{-}C(CH_2)_4C)_n$ H / O / O
17	雙酚 A，bisphenol	HO⟨⟩$\overset{CH_3}{\underset{CH_3}{C}}$⟨⟩OH	聚碳酸酯，PC	$-(O{-}⟨⟩{-}\overset{CH_3}{\underset{CH_3}{C}}{-}⟨⟩{-}O)_n$

表 1-1 單體、聚合物及其重複或結構單元（續）

序號	單體名稱	單體結構	聚合物名稱	結構單元
18	雙酚A及 4,4'二氯二苯碸，4,4' dichloro diphenyl sulfone	同17項 Cl—◯—S—◯—Cl	聚碸，polysulfone	＋O—◯—C—◯—O—◯—S—◯＋n
19	酚，phenol 及甲醛	OH ◯ HCHO	酚醛樹脂，phenolic resin	OH ＋◯—CH₂＋n
20	雙酚 A，bisphenol A 及環氧氯丙烷，epichlorohydrin	CH₃ HO—◯—C—◯—OH CH₃ CH₂CHCH₂ O Cl	環氧樹脂，epoxy	CH₃ ＋O—◯—C—◯—OCH₂CH＋n CH₃ Cl
21	異氰酸酯，isocyanate 及多醇類如乙二醇，polyol, ethylene diol	OCN(CH₂)₆NCO HO(CH₂)₂OH	聚氨酯類，polyurethane	O O ‖ H H‖ ＋O(CH₂)₂OC—N—(CH₂)₆NC＋n
22	尿素，urea 及甲醛	(NH₃)₂CO HCHO	脲醛樹脂，urea resin	H H ＋NCNCH₂＋n O
23	有機矽，organo chlorosilane	CH₃ Cl—Si—Cl CH₃	矽類聚合物，silicon polymers	CH₃ ＋O—Si＋n CH₃

單體經過聚合反應之後，成為聚合物的結構單元，即：

$$n \text{ 個單體} \rightarrow \text{聚合反應} \rightarrow (\text{結構單元})_n$$

　　n是聚合度（degree of polymerization, DP）。即是聚合物是由n個結構單元所組成，n愈大，聚合物的分子量愈大。

　　從表 1–1 之中，可以歸納出兩類三種不同的單體與結構單元之間的關係。或者是說一種化合物如果要能作為聚合物的單體，必須要能遵循下列二種模式之一而形成聚合物。這二種模式分別是：

1. 單體上最少具有一個（序號 1～3 和 6～11）或以上（序號 4 和 5）的雙鍵，在聚合時雙鍵打開而連結成大分子：

(1)單體和結構單元所含有的原子種類以及數量均相同。

(2)單體和結構單元的差異，是單體有雙鍵，而結構單元沒有雙鍵；除此之外，原子之間的排列沒有改變。

具有雙鍵是這一類單體的必要條件。

這一類的聚合反應稱之為*加成聚合*（Additional polymerization）。所得到的聚合物是*碳鍊*（carbon carbon chain）*聚合物*。

　　序號為 12 的己內醯是將環打開（ring open）為直鏈，是為*開環聚合*（ring opening polymerization），是加成聚合中*離子*（ionic）*聚合*中的一類（見 1.3 節）。單體和結構單元的原子種類和數量不變。

　　序號為 13 的聚醛，過程是 HCHO 先形成

$$\underset{O\text{---}CH_2\text{---}O}{\overset{\overset{\displaystyle O}{\diagup \ \diagdown}}{H_2C \qquad CH_2}}$$

，再開環為

$-O-CH_2-$。開環聚合所得到的聚合物分子鍊中有$-\overset{|}{C}-N-$和$-\overset{|}{C}-$O$-$鍵，是*雜鍊*（hetro-chain）聚合物。

以上均是由一個單體轉變為一個結構單元。

2. 結構單元是由兩種單體所組成，這兩種單體各自具有二個或二個以上可以和另一單體上所帶有的官能基反應的*官能基*（functional group），這些官能基包括：$-COOH$和$-OH$，$-COOH$和NH_2，及$-NCO$和$-OH$等。

當兩種單體結合為結構單元時，官能基上的一些原子會組合成結構單元以外的小分子，例如：

$$-\overset{\overset{O}{\|}}{C}-O-H + -OH \longrightarrow -O-\overset{\overset{O}{\|}}{C}- + H_2O$$

$$\text{結構單元} \quad \text{不包含在}$$
$$\text{的一部分} \quad \text{結構單元中的小分子}$$

這一聚合反應，稱之為*遂步聚合*（step wise polymerization）需要的是一組（兩種）單體，而每一種單體必須具有二個（或以上的）官能基，這些官能基必須能和另一種單體上的官能基反應。

序號 14 的 PPO 和序號 17 的 PC 都只有一種單體，聚合時放出一分子的水，是遂步聚合中的特例。

在商業上，第一類的單體用量最大，佔 70%以上。

請注意：

(1)第一類，即是單體中含有雙鍵的單體，所形成的聚合物是由碳鏈−C−C−鏈連結在一起的。開環聚合可得到−C−N−和−C−O−鍊。

(2)第二類單體所構成的聚合物，則除了碳鏈之外尚含有其他的原子，例如：

$$-O-, \quad -\overset{|}{N}-, \quad S, \quad -\overset{|}{\underset{|}{Si}}-和-\bigcirc-$$

稱之為*雜鏈*（heterochain）*聚合物*。其中−S−，−Si−和−◯−鍊只能經由遂步聚合取得。

鏈結構對聚合物的性質有很大的影響，將在第二章中加以說明。

1.3　聚合反應

將單體轉換為聚合物的聚合反應（polymerization）可以分為兩大類：

1. 單體逐個加到分子鏈上去的*加成*（additional）*聚合*。
2. 單體逐步形成由兩個單體組成的二聚物（dimer），再連結為三或四聚物（trimer, tetramer），逐步變成大分子的*逐步*（stepwise）*聚合*。分述如下：

❑ 1.3.1 加成聚合

在加成聚合的過程中，*起始劑*（initiator）先*活化*（activated），然後再使*單體活化*（initiation），其他的單體再逐個加在已活化的分子鏈上，使*鏈繼續成長*（propagation），最後兩個活性鏈可相互反應而失去活性，使得分子*鏈終止生長*（termination）。

令起始劑為 I，單體為 M，I^* 和 M^* 代表活化後的起始劑和單體：

$$I \longrightarrow I^*$$

起始 $\quad I^* + M \longrightarrow IM^*$

鏈成長 $\quad IM^* + M \longrightarrow IMM^*$

$$\vdots$$

$$IM_n^* + M \longrightarrow IM_{n+1}^*$$

終止 $\quad IM_n^* + IM_m^* \longrightarrow IM_nM_m$

按鏈終止的機理（mechanism）很多，不一一列舉。

單體在活化時形成下列三型態之一，分別代表三種不同的聚合化學過程：

1. *自由基*（free radical）聚合。
2. *離子*（ion）聚合。
3. 與催化合劑形成絡合物（complex）的*配位*（coordination）聚合。

分述如下：

1.3.1.1　自由基聚合

　　單體以自由基的型態活化以後，再形成聚合物的過程，即稱之為 *自由基聚合*。而單體形成自由基有不同的過程：

1. 一是利用如前述的 *起始劑* 使單體成為自由基，常用的起始劑有：

(1)*有機過氧化物*（organic peroxide），其通式為：

　　　　ROOR'

　　當溫度升高時，RCOOR'分解成自由基，以 BPO 為例：

$$\langle\!\!\!\!\bigcirc\!\!\!\!\rangle-\overset{\overset{O}{\|}}{C}-O-O\overset{\overset{O}{\|}}{C}-\langle\!\!\!\!\bigcirc\!\!\!\!\rangle \xrightarrow{\triangle} 2\langle\!\!\!\!\bigcirc\!\!\!\!\rangle-\overset{\overset{O}{\|}}{C}-O^* \longrightarrow 2\langle\!\!\!\!\bigcirc\!\!\!\!\rangle^* + 2CO_2$$

　　有機過氧化物的種類很多，各具不同的分解溫度，即是可以在不同的溫度引發聚合反應，用起來很方便。第七章中的交聯劑，亦屬於此類。

(2)*偶氮類*（azo）化合物，例如 AIBN：

$$(CH_3)_2\underset{\overset{|}{CN}}{C}N=N\underset{\overset{|}{CN}}{C}(CH_3)_2 \xrightarrow{\triangle} N_2 + 2(CH_3)_2\underset{\overset{|}{CN}}{C}^*$$

(3)*無機過氧鹽*，例如過硫酸鉀：

$$KO-\overset{\overset{O}{\|}}{\underset{\underset{O}{\|}}{S}}-O-O-\overset{\overset{O}{\|}}{\underset{\underset{O}{\|}}{S}}-OK \xrightarrow{\triangle} 2KO-\overset{\overset{O}{\|}}{\underset{\underset{O}{\|}}{S}}-O^*$$

無機鹽溶於水，當聚合反應在水中進行時，例如*乳化聚合*（emulsion polymerization）（1.5.1 節），是用無機過氧鹽作為自由基的引發劑。

2. 利用熱、光和輻射線或電子束來活化：

(1)在高溫，單體可以形成自由基。工業上，PS 即是用熱聚合（thermal polymerization）。熱聚合可應用的範圍，視能否控制支鏈的成長和能否有效的控制聚合速率而定。

(2)利用光來引發起始劑，進而引發聚合反應，這是*光敏類*（photo sensitive）聚合物的基礎；或者是*光刻*（蝕）（photo etching）的基礎，在電子工業中應用極廣，例如印刷電路板和 IC 製程中就必須用到。印刷用的版和汽、機車用的烤漆，也是這一類。

(3)輻射線和電子束，這種引發聚合反應的方法成本比較高，電纜外層的PE，在工業上是用電子束來引發交聯反應，以達到高強度和耐摩擦的目的。

1.3.1.2 離子聚合

令 A^+B^- 為可解離為 A^+ 和 B^- 的起始劑，則單體與起始劑可以形成*正離子*（cation）或是*負離子*（anion）：

$$A^+B^- + CH_2CH \longrightarrow A-CH_2C^+H \ B^-$$

$$\underset{R}{|} \qquad\qquad \underset{R}{|} \ \downarrow$$

$$\underset{R}{(CH_2-CH)_n}$$

$$A^+B^- + CH_2 = \underset{\underset{R}{|}}{CH} \longrightarrow B - CH_2\underset{\underset{R}{|}}{C^-}H \; A^+$$

$$\underset{R}{\overset{\downarrow}{(CH_2 - CH)_n}}$$

A^+ 如果是親電性，即是產生碳正離子的*陽離子聚合*（cationic polymerization）。如果是親核性，則是產生碳負離子的*陰離子聚合*（anionic polymerization）。

1. 陽離子聚合的起始劑主要是 Lewis 酸，例如：BF_3，$BF_3O(C_2H_5)_2$，BCl_3，$TiCl_3$，$TiBr_4$，$AlCl_3$，$SnCl_4$ 等；和酸，例如：H_2SO_4，$HClO_4$，H_3PO_4 和 Cl_3CCOOH 等。
2. 陰離子聚合的起始劑主要是鹼金屬及其有機化合物，例如懸浮於溶劑中的金屬鈉，芳香族和烷基的有機鋰（C_4H_9Li），RMgX（R為烷基或芳香基），AlR_3 等。

開環聚合，在廣義上可以看作是離子聚合中的一種。

1.3.1.3　配位聚合

單體與催化劑上*活性點*（active site）以一定的型態（分子排列的方式）形成絡合物而活化、聚合，其簡化的化學反應式是：

$$催化劑 - R + CH_2 = \underset{\underset{R}{|}}{CH} \longrightarrow R - CH_2 - \underset{\underset{R}{|}}{CH} - 催化劑$$

$$\underset{R}{\overset{\downarrow}{(CH_2 - CH)_n}}$$

　　由於單體是以一定的分子排列活化，故而所得到的聚合物的主鏈上*側基*（side group）的排列方向可以受到控制，這是其他聚合方法所做不到的。

　　HDPE、PP（$-CH_2-\underset{\underset{CH_3}{|}}{CH}-$）、PIB（$-CH_2-\underset{\underset{C_2H_5}{|}}{CH}-$）和高順聚丁二烯

（high cis poly-butadiene）等均是採用此法聚合。

　　配位聚合的催化劑有以下三個主要系列：

1. *Ziegler 系列*，這是以：

(1)過渡金屬（transition metal）的鹵化物，例如 $TiCl_3$ 為主催化劑。

(2)金屬的有機化合物，例如 $Al(C_2H_5)_3$ 為共催化劑（Co-catalyst）。

(3)一種電子供給（electron donner）物。

(4)將前列三種成分分散固定（supported）在一無機化合物，例如 $MgCl_2$ 上。

2. *氧化鉻*（chromium oxide）CrO_3 分散固定在氧化矽和氧化鋁上，此一系列是由 Phillips 石油公司所開發使用。

3. *Metallocene* 系列是在 1988 年開始生產的商業產品，亦稱之為 *Kaminsky* 類催化劑或*單活性點*（single site）催化劑。單活性點是相對於 Ziegler 催化劑而言，其主要特點在於可以更精密的控制聚合物的分子結構。其通式為：

$$L_2MX_2$$

其中 M 為第四族的過渡金屬，例如：Zr、Ti 和 Hf。

X 為鹵素或烷基（alkyl）、苯（基）（phenyl）或苯甲（基）
（benzyl）。

　　L 為用 π 鍵與金屬相聯結的 ligand，例如 cyclopentadienyl
（CP）。

　　例如 CP_2ZrCl_2。

結晶的 PS，比重為 0.86 的 PP 均用此法聚合。

1.3.1.4　單體的分子結構與聚合方法

　　表 1-1 中第 1 至 11 項所列的單體，均可以用自由基聚合。單體
上帶有側基，例如丙烯 $CH_2 = \overset{\displaystyle CH}{\underset{\displaystyle CH_3}{|}}$ 在利用自由基聚合時，甲基的排列

不規則，所得到的是*無規聚丙烯*（atactic PP, APP），不能形成結晶聚
合物、強度低而不具實際上的用途（參看第 1.4 及 2.3 節）。採用配位
Ziegler 法聚合得到*全同 PP*（isotactic PP, IPP）和用 metallocene 法可以
聚合出*間同 PP*（syndiotactic PP, SPP），二者均能形成結晶而具有很
好的強度，具有實用價值。結構與性質之間的關係在第二章中有比較
詳細的說明。

　　所有乙烯基（vinyl）和含有雙鍵的單體均可用自由基聚合，但是
在有側基時，自由基聚合不能規範側基的排列，即是不能形成強度比
較高的線型聚合物（1.4.1 節），或是不能形成結晶聚合物（1.4.2
節）。在某些情況，例如 PVC 和 PS，其單體的化學結構能形成在室
溫附近具有強度的聚合物；在另外的情況，例如 PVAc，在用作黏著
劑時，強度不是主要的考慮，側基的排列雖然不規則但仍是有用的產
品。

要規劃乙烯基類聚合物的側基排列，要用配位聚合。

能否使用離子聚合，其重點在於單體上電子的分佈是否均勻，分佈均勻的（極性低的）不易用離子法聚合。具有推電子基的乙烯基單體，其雙鍵上電子雲密度增加，利於陽離子聚合；具有吸電子基團的，則容易進行陰離子聚合。

表 1-1 中序號 1 至 11 的均為由加成聚合所得的聚合物，佔商用聚合物總量的 70% 以上。序號 12 及 13 為開環聚合物。

□ 1.3.2　逐步聚合

令 $R_1M_1R_1$ 和 $R_2M_2R_2$ 為參與逐步聚合的兩種不同單體，R_1 和 R_2 為可以相互反應的官能基，$R_1'R_2'$ 和 M 為 R_1 與 R_2 反應之後所形成的基和所產生的小分子，即是：

$$R_1 + R_2 \longrightarrow R_1'R_2' + M$$

例如：

對苯二甲酸 $HOOC-\langle\ \rangle-COOH$ 和乙二醇 $HO(CH_2)_2OH$。

$R_1: -COOH\ M_1: -\langle\ \rangle-$；$R_2：-OH, M_2: -(CH_2)_2-$；$R_1 + R_2$ 即為

$$-COOH + -OH \longrightarrow \overset{\displaystyle O}{\overset{\displaystyle \|}{-C}}-O + H_2O$$

$R_1'R_2'$ 為 $-\overset{\displaystyle O}{\overset{\displaystyle \|}{C}}-O-$，M 為 H_2O

逐步聚合的過程如下：

$$R_1M_1R_1 + R_2M_2R_2 \longrightarrow R_1M_1R_1'R_2'M_2R_2 + M$$
$$R_1M_1R_1'R_2'M_2R_2 + R_1M_1R_1'R_2'M_2R_2 \longrightarrow$$
$$\vdots \quad R_1M_1R_1'R_2'M_2R_1'R_2'M_1R_1'R_2'M_2R_2 + M$$

是以逐步聚合是由兩個單體來形成仍具有可以相互反應基團的二聚物，再由二聚物與單體形成三聚物、或由兩個二聚物形成四聚物等，同時在每一次反應時均釋放出另一分子。

當參與聚合反應的反應物由單體轉為二聚物、四聚物⋯⋯時，反應物（reactant）的濃度，即是 R_1 和 R_2 的濃度，是以倍數下降，是以其聚合速率也急速下降；同時反應物的分子鏈愈長，反應基團相互遭遇的機率也減少。是以用逐步聚合方法來生產長分子鏈（或是大分子量）的聚合物是遠比加成聚合困難。同時聚合所需要的時間也長，並需要除去反應時所產生的小分子（M）以增加轉化率。

如果 R_1 和 R_2 在 M_1 和 M_2 上是位於對稱位置，則所得到的聚合物是*線型*（linear）的，容易形成結晶聚合物。

如果單體上具有二個以上的官能基（R_1 或 R_2），則容易形成*交聯*（cross linked）聚合物。

如 1.2 節所述，要得到主鍊上含有苯環的雜鍵聚合物，必須用逐步聚合。常用於逐步聚合的單體如表 1－1 中的第 14 至 24 項。

1.4 聚合物的型態

1.4.1 聚合物的分子鍊

一個長鍊的分子在自然的狀況下是否即是一條直線？

熱力學對熵（entropy），S的定義是：

$$S = k \ln\omega$$

式中ω是分子鍊所能具有各種可能不同型態的數目，ω愈大則S愈大，也愈趨向低自由能狀態，或是利於自然發生。

如果分子鍊是直線，$\omega = 1$，$S = 0$，是不利於自然發生，而僅發生在$0°K$時的完美結晶上。是以聚合物的長分子鍊基本上是捲曲的，而且可能的型態（configuration）變化很多。這一點，在稀溶液中研究聚合物行為時，已得以一致的結論。

當聚合物的分子處於不受外力影響的情況，分子兩端的平均終端距離，依分子鍊的「*剛*」（riqid）「*柔*」（flexible）不同而不同。「柔」性鍊例如$-C-C-$，其熵值大，平均終端距離短，含苯環的鍊是「剛」性，熵值小，平均終端距離長。「柔」性鍊有如棉線，「剛」性鍊如鐵鍊。

線型聚合物（linear polymer）基本上是指捲曲但是分子鍊的規則性高，例如圖$1-1(a)$。線型聚合物是*熱塑*（thermoplastic）類聚合物的主流。線型聚合物可形成*結晶*（crystilline）*聚合物*。

非線型（nonlinear）聚合物分子鍊的規則性低，基本上可分作為兩個類型：一是含有支鍊（branched chain）的加成反應類聚合物，另一則是官能基不對稱的遂步聚合物。

　　支鏈聚合物是在長的主鏈上接有相對比較短的鏈，如圖 1−1(b)所示。在主鏈上會有支鏈的原因有：

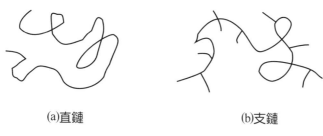

(a)直鏈　　　　　　　　　　　(b)支鏈

圖 1−1　聚合物鏈的型態

1. 一是由具有支鏈結構的單體所形成的，例如表 1-1 中序號 3 的丙烯和序號 6 的苯乙烯等。
2. 聚合反應是放熱反應，在聚合反應的時候，由於散熱不均勻在某一點溫度高，而形成**熱點**（hot spot），而熱（高溫）使得鏈上產生具有活性的自由基（1.3.1.1 節），因而產生支鏈，例如：

$$-CH_2-CH_2-\overset{*}{C}H-CH_2-CH_2-$$

　　$-\overset{*}{C}H-$是具有活性的，其他的單體或分子鏈可以接上去形成支鍵。

$$-CH_2-CH_2-\underset{\underset{R}{|}}{CH}-CH_2-CH_2-$$

反應的溫度高,反應速率快時,此一現象愈容易發生。即聚合反應的溫度愈高,聚合反應的速率愈快,單位時間中釋出的反應熱愈多,所得到的聚合物分子鍊的規則性即愈低,強度亦愈低。所有的聚合過程均如是。

另一種情況是逐步聚合單體的官能基在分子上不對稱,所形成的聚合物分子鍊不規則。例如:對苯二甲酸和乙二醇或丁二醇酯化得到線型的 PET(表 1-1 序號 15)及 PBT:

$$HOOC-\langle\!\!\!\!\bigcirc\!\!\!\!\rangle-COOH-HO(CH_2)_2OH, HO(CH_2)_4OH$$

乙二醇或丁二醇和間苯二甲酸 $\langle\!\!\!\bigcirc\!\!\!\rangle\!\!{}^{COOH}_{COOH}$ 酯化,或是對苯二甲酸和丙二醇 $\underset{\underset{CH}{|}}{CH_2}-\underset{\underset{CH_3}{|}}{\overset{\overset{OH}{|}}{CH}}$ 酯化,則得非線性的聚酯。這類聚合物由於分子鍊不規則,強度低,一般要經由交聯反應形成交聯聚合物之後才能成為有用的材料。

□ 1.4.2 結晶、非結晶及交聯聚合物

聚合物的分子鍊如果能規則排列,即呈現結晶(crystalline)的現象,稱之為*結晶聚合物*;如不能規則排列,即為*非結晶*(amorphous)*聚合物*。圖 1-2 是示意圖,即是結晶聚合物是由結晶區與非結晶區組

合而成，而不是*單晶*（single crystal）。而非結晶聚合物的分子鍊是無序排列。

　　分子規則排列時，分子間的距離比較短，比重高，分子間的作用力大，或是說強度比較大（參看 2.1 節）。分子為無序排列時，相對的分子間作用力比較小，比重小，「柔」性比較好。結晶聚合物在結晶區之間有非結晶區，同時具有了「強」和「柔」的性質，或是具有了較佳的*韌性*（toughness）。

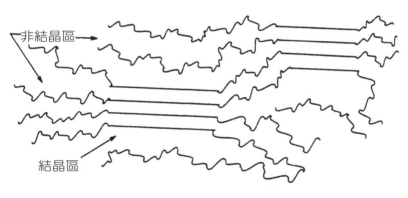

非結晶區 →

結晶區

圖 1-2　聚合物的結晶與非結晶

　　除了在強度上的差異之外，結晶聚合物和非結晶聚合物在外觀上最大的差異是*透光性*（transparency）。由於結晶區的密度比較高，是以光在穿透結晶聚合物時，要通過結晶和非結晶區，即密度不同的介質，多重折射後透光性差。而非結晶聚合物的透光性佳，所有具有光學用途，例如眼鏡片和鏡頭的聚合物，均為非結晶聚合物。如果能將結晶聚合物結晶區的大小控制在可見光波長以下，則結晶聚合物也可

以看起來是透明的，例如 PP 雙軸向拉伸膜（用於膠帶及包裝），但是總體透光率仍低於非結晶聚合物。

　　商用的聚合物中，PVC、PS、PMMA 和 PC 是非結晶聚合物。

　　線型聚合物分子鍊的規則性高，容易形成結晶聚合物。非線型聚合物，要能使側基規則排列，才能形成結晶聚合物。例如聚丙烯（PP）。由逐步聚合所得的聚合物中，由不對稱官能基所得到的非線型聚合物，不能形成結晶；例如間苯二甲酸或丙二醇均不能形成線型聚合物，或結晶聚合物。

　　利用配位催化劑聚合成高規則性線型的聚合物有：PE、PP、high cis PB 等。

　　分子極性強，例如丙烯氰（$CH_2= CH$），和含有能形成氫鍵基團
$$\underset{\text{CN}}{|}$$
例如：$-OH$、$-N-$的單體，容易形成結晶聚合物。

　　交聯（cross linked）*聚合物*，是指分子鍊之間有化學鍵相聯而形成三維（three dimension）結構。形成三維結構的條件是：

1. 在加成聚合時單體中含有兩種雙鍵，其中的一個在聚合時打開，而在聚合物中仍保留有未反應的雙鍵可以再進行反應，例如 1, 3 丁二烯：

$$CH_2 = CHCH = CH_2$$

其聚合所得的聚丁二烯是：

$$-CH_2-CH=CHCH_2-$$

所留下的雙鍵可以再與其他的反應物反應。

2.在逐步聚合時單體中含有兩個以上的官能基及雙鍵，在聚合時用去官能基兩個，仍保留有未用到的雙鍵，例如：

$$
\text{順丁酐} \quad
\begin{array}{c}
\text{O} \\
\| \\
\text{HC-C} \\
\| \quad\quad\quad \text{O} \\
\text{HC-C} \\
\| \\
\text{O}
\end{array}
\xrightarrow{H_2O}
\begin{array}{c}
\text{H} \\
| \\
\text{C-COOH} \\
\| \\
\text{C-COOH} \\
| \\
\text{H}
\end{array}
$$

其中兩個$-COOH$在逐步聚合時與$-OH$反應，所形成的聚合物中仍保留有雙鍵，可以進一步再反應。或是在加成聚合時，用去雙鍵，但仍留有$-COOH$官能基可進行逐步聚合。

3.在聚合物飽和的分子鏈中，利用起始劑、光或電子束、輻射線，製造出自由基來反應。例如 PE 的交聯。

即是交聯聚合物是將聚合物分子經由交聯反應而得到的巨大分子。交聯所得到的聚合物，強度等性質比交聯之前均有大幅度的增加。例如口香糖是未交聯的橡膠，橡皮筋和輪胎則是一個巨大的分子，是交聯後的橡膠。

所有的聚合物均可形成交聯聚合物。

由非對稱官能基所形成的遂步聚合物，必需形成交聯聚合物，才能具有作為有用的材料的強度。

在橡膠之中，除了熱可塑（thermoplastic）類之外，都必需交聯為

交聯聚合物。

□ 1.4.3. 均聚物及共聚物

聚合物的分子鏈上，可以只含有一種結構單元，稱之為**均聚合物**（homopoly-mer）。也可以含有二種或以上的結構單元，具有兩種或以上結構單元的聚合物稱之為**共聚合物**（copolymer）。依照不同的結構單元排列的方式，可分為三類。

令 M_1 和 M_2 為二種不同的結構單元，則

1. **無規共聚合物**（radom copolymer），即是 M_1 和 M_2 的排列沒有規則。

$$M_1M_1M_2M_1M_2M_2M_1M_2$$

2. **嵌段（block）共聚合物**，M_1 和 M_2 分別單獨組成具有一定分子量的段，然後再連結在一起：

$$M_1M_1\cdots\cdots M_1M_2\cdots\cdots M_2M_2$$

3. **接枝（graft）共聚合物**，M_1 和 M_2 分別成段，但是 M_2 以支鏈的型態連結。

$$
\begin{array}{c}
M_1\cdots\cdots M_1M_1\cdots\cdots M_1 \\
\vdots \\
M_2 \\
\vdots \\
M_2
\end{array}
$$

崁段和接枝共聚合物，不同單體分別形成了 M_1 和 M_2 聚合物，並保持 M_1 或 M_2 聚合物原來的性質例如形成結晶。任意其聚合物則是形成性質介於聚合 M_1 及 M_2 之間的聚合物。

　　共聚合的聚合過程比均聚合物複雜。

1.5　聚合的製程

　　對產品的要求一般是再顯性：

- 即是品質穩定。
- 不同批次生產出來產品性質之間的差異少。

　　相對於其他的單分子化合物，聚合物除了化學組成之外，影響其性質的尚有：

　　(1)分子量。

　　(2)分子量分佈。

　　(3)是否含有支鏈和支鏈的多寡。

　　是以控制聚合反應的困難度，要高於其他化學品的合成。

　　僅限於反應的速率（rate）來討論，化學反應的速率是和：

　1. 反應物的濃度成正比。

　2. 和反應溫度成正比。

　　是以要控制化學反應的均一性，必須要使反應器內的溫度和反應物的濃度儘可能的均勻。要達到均勻的情況，單只依賴*熱傳導*（conduction）和*分子擴散*（diffusion）是遠遠不足的，而是要用高速攪拌

（mixing）造成反應器內流體會相對流動的*湍流*（turbent flow），強化分子的碰撞混合，以達到反應器內溫度和濃度均一的目的。

黏度是流動的阻力，在聚合的過程中，聚合物的分子鍊在不停的加長、黏度隨之變高（公式 5-32），非常不容易在反應器內造成湍流。故而在聚合的過程中，要思考的重點是採用什麼手段來使得反應器內的溫度和濃度均一。目前在工業上使用的*聚合製程*（process）有：

1.*乳化*（emulsion）*聚合*。

2.*懸浮*（suspension）*聚合*。

3.*溶液*（solution）*聚合*。

4. *slurry 聚合*。

5.*本體*（bulk）*聚合*。

分述如下：

❏ 1.5.1　乳化聚合

這是最早的工業聚合製程，仍然沿用至今，是用途很廣的製程。在過程中，單體在水中乳化為 1μ 左右的微粒，類似於牛奶或豆漿，表顯出來的黏度低；起始劑是加入到水中，再擴散到微粒中引發反應，聚合反應是在乳化粒中進行，粒子小故而在同一粒子中濃度和溫度的差異不大，聚合物形成為大分子、黏度上昇的現象都局限在微粒之內，不會影響到整個系統的黏度。聚合的機理（mechanism）相當複雜。在聚合到達一定程度時，再經過凝析、單體回收（monomer recovery）、脫水、乾燥後造粒或壓塊，略如下圖：

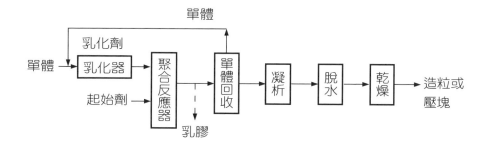

在連續製造固態產品時，必須經過所有的流程，離開反應器時聚合反應的轉化率（conversion）一般在 70%以下。

如果所需要的產品形態是乳膠（latex），則轉化率會提高到 90%以上，在聚合反應之後即可取出（或者經過脫水濃縮）應用。乳膠用於塗料（coating）和黏著劑。

1.5.2　懸浮聚合

這是將單體和起始劑利用懸浮劑使形成粒徑約為 100μ 的小粒懸浮在水中。每一個小粒子均是一個完整的反應系統，在水中完成聚合後，用機械方式脫水而得產品，略如下圖：

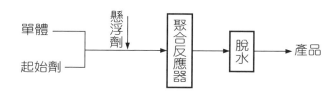

由於懸浮粒子為一完整的反應系統，粒子小沒有質傳的問題，而水的比熱大，粒子中的溫差不大，聚合物限於在粒子之內，亦沒有黏度的問題。和乳化聚合相比較，懸浮聚合在聚合反應後的分離過程簡單。防止懸浮粒子黏在反應器的內壁和維持懸浮粒子的穩定，是本製

程控制的重點。發泡聚苯乙烯（EPS）是由此一製程生產。

□ 1.5.3 溶液聚合

　　乳化和懸浮聚合沒有高黏度的問題，但是離子和配位聚合所用的起始劑和催化劑均是金屬有機化合物，在遇到水時均會與水反應失去活性，故而必須採用最基本的減低黏度的方法，即是使聚合反應在溶劑中進行，利用溶劑來稀釋聚合物的黏度；然後經過單體回收、溶劑回收、脫水、乾燥、造粒等步驟得到產品，略如下圖：

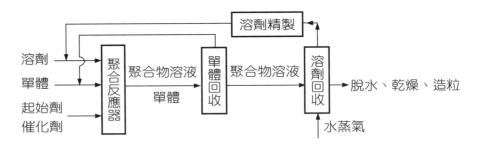

　　在溶液聚合中，溶劑的功能除了減低黏度之外，尚有：

1. 由於氣態的單體可溶解在溶劑之內，故而不需要很高的壓力即可維持高的反應物（單體）濃度。

2. 在離子聚合時，溶劑的極性會影響到單體形成離子的難易，故而具有影響反應速率的效應。

　　合成橡膠例如聚丁二烯（PB）、溶液丁苯橡膠（Solution SBR）、丁基橡膠（butzl rubber）和乙丙橡膠（EPM）均是由此一方法聚合。

1.5.4　Slurry 聚合

同溶液聚合，但是如果：

1. 所得的聚合物為結晶聚合物。

2. 聚合反應的溫度低於聚合物結晶的融點 T_m。

則所得到的聚合物會形成不溶於溶劑的固態結晶，而與溶劑形成固、液相的泥漿狀（slurry）。從溶液中分離出聚合物是均相分離，必需加熱使溶劑揮發。而 slurry 的分離過程是固—液分離，是異相分離，不需要用水蒸氣脫溶劑，與溶劑法相比較，少了：

1. 溶劑精製。

2. 脫水、乾燥。

節省了不少費用。

結晶與溶解的關係，詳見第四章。

1.5.5　本體聚合

如果在反應系統中，不含有不參與反應的物質，例如水或溶劑，則在反應之後，僅只有單體回收和造粒兩步驟，略如下圖：

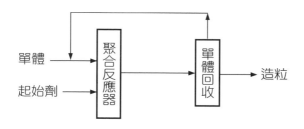

這種聚合方法沒有用到利用溶劑或水的乳液等減低黏度的手段，但是可以在反應時提高單體的量，即是將單體作為溶劑來減低黏度。

其生產成本低,但是產品的均一性比較不容易控制。

　　氣相(gas phase)*聚合*亦是本體聚合的一種,用於 PE 和 PP 聚合,略如下圖:

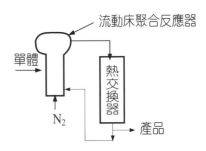

　　其中流動床氣相反應器,和熱交換器是極為精確、細緻的工程設計產品。

❑ 1.5.6　聚合製程的比較

　　什麼是好的製程?

　　好的製程就是簡單的製程。因為簡單的製程具有下列優點:

　1. 加工的過程短,所需要的設備少,投資少。

　　對生產聚合物來說,過程短的製程也代表在生產過程中產品的受溫的歷史(heat history)短,聚合物在生產過程中發生變化例如呈現黃色的機率小。

　2. 由於工序短而少,控制相對容易。

　　理想的製程是:

即是除了必不可少的反應的部分，在反應後的分離過程愈少、愈簡單愈好，最好是完全不需要。依照這一個標準，前列五種製程的優劣，同時也是生產成本的高低，排列如下：

本體聚合 > 懸浮聚合 > slurry 聚合 > 乳化聚合 > 溶液聚合
　　優於

即是本體聚合最接近理想製程，但是所得到聚合物的均勻程度比較差。

那麼為什麼不全部採用本體聚合？

答案是其他的聚合製程所生產出來的產品，其性質比較均勻，而採用本體聚合所得到的產品的品質不能達到要求，只能用其他的方法。故而從產品的性質均勻度來看：

乳化聚合 ≈ 懸浮聚合 > slurry 聚合 > 溶液聚合 > 本體聚合
　　優於

對商業產品品質的要求是以合用或可用為首要，是以在可能的範圍內追求本體聚合。

1.6 聚合物的令名

對加成聚合物來說，聚合物一般是以其單體來令名，例如聚乙烯、聚丙烯、聚醋酸乙烯等。對逐步聚合物來說，則一般是以其結構

單元中的分子結構特徵來令名，例如酯化後產生 $-\overset{\overset{\text{O}}{\|}}{\text{C}}-\text{O}-$ 基團，則結構單元中含有此一基團的聚合物均稱之為*聚酯*，即是將具有共同特徵的聚合物共同令名。以下將以英文為主列出常用到的共同令名：

1. *polyolefin*，*聚烯烴*，凡是單體中含有一個雙鍵的均屬之，例如聚乙烯、聚丙烯、聚丁烯等。

2. *vinyl polymers*，*乙烯基聚合物*，包含所有乙烯及乙烯衍生物所組成的聚合物。

3. *styrenic polymer*，即所有含聚乙烯的聚合物，例如聚苯乙烯、ABS、SBR 等。

4. *polydiene*，*聚雙烯*，指由含有兩個雙鍵的單體例如丁二烯和異戊二烯所形成的聚合物。

   以上是加成聚合物。

5. *polyether*，*聚醚*，指含 $-\text{O}-$ 的聚合物。

6. *polyester*，*聚酯*，凡含 $-\text{O}-\overset{\overset{\text{O}}{\|}}{\text{C}}-$ 基的聚合物屬之。

7. *polyamide*，*聚醯胺*，含 $-\overset{\overset{\text{H}}{\|}}{\text{N}}-\overset{\overset{\text{O}}{\|}}{\text{C}}-$ 基的聚合物。polyimide 亦屬之。

8. *polyurethane*，*聚氨酯*，指含 $-\text{O}-\overset{\overset{\text{N}}{\underset{\text{H}}{\|}}}{}-\overset{\overset{\text{C}}{\underset{\text{O}}{\|}}}{}-$ 的聚合物。

9. *polysulfone*，*聚碸*，含 $-\overset{\overset{\text{O}}{\|}}{\underset{\underset{\text{O}}{\|}}{\text{S}}}-$ 基的聚合物。

10. *silicone polymer*，*聚有機矽*，聚合物中含 $-\text{O}-\overset{|}{\underset{|}{\text{Si}}}-$ 。

複習

1. 說明下列各名詞的意義：

(1)聚合物；(2)結構單元（重複單元）；(3)單體；(4)加成聚合反應；(5)逐步聚合反應；(6)自由基聚合反應；(7)離子聚合反應；(8)配位（或定向）聚合反應；(9)開環聚合反應；(10)線型聚合物；(11)支鏈型聚合物；(12)交聯聚合物；(13)均聚物；(14)共聚合物；(15)崁段共聚合物；(16)任意共聚合物；(17)接枝共聚合物；(18)乳化聚合；(19)懸浮聚合；(20)溶液聚合；(21) slurry 聚合；(22)本體聚合；(23) polyolefin；(24) vinyl polymers；(25) styrenic polymer；(26) polydiene；(27) polyether；(28) polyester；(29) polyamide；(30) polyurethane；(31) silicon polymer。

討論

1. 說明構成單體的要件。

2. 如何決定要用哪一種聚合反應來生產聚合物？

3. 如何決定聚合製程？

4. 參閱表 1-1，表列出會形成線型聚合物的聚合物，並說明原因。

5. 參閱表 1-1，表列出能形成結晶聚合物的聚合物，並說明原因。

6. 參閱表 1-1，表列出需要交聯為交聯聚合物的聚合物，並說明原因。

Chapter 2
高分子材料的分子結構 與強度

作為實用的材料，首先要關心的性質是強度。本章先討論聚合物的強度；繼之說明在不同溫度下強度的變化。從而導引出關係到聚合物強度的兩個特性溫度：一是玻璃轉換溫度 T_g、另一是晶體熔解溫度 T_m。本章的第二部份討論聚合物分子結構與 T_g 和 T_m 的關係。最後討論根據分子結構和 T_g 及 T_m 的關係，來改變聚合物的性質。

2.1 聚合物的強度

聚合物的強度即是聚合物分子之間作用力的大小。其它和分子間作用力直接相關的性質有*內聚能*（cohesive energy），即是物質打破分子之間作用力而氣化時所需要的能量；內聚能密度的平方根值稱之為*溶解參數*（solubility parameter, δ）；物質內聚能與物質和空氣分子作用力之差為*表面張力*（surface tension）。在第四章中對溶解參數和表面張力有進一步的說明。

分子之間的作用力分為兩種：

1. 一種是存在於所有化合物之中的*范德華*（van der Waals）*力*。
2. 另一種是*氫鍵*，其強度比范德華力大 3～4 倍，但僅存在於特定的原子之間。

分述如下：

◻ 2.1.1　氫鍵

氫鍵是與電負性較大的原子 X，相鍵合的氫原子（X-H），與另一電負性比較大的原子 Y 之間的相互作用（X-H…Y）。在聚合物中存在的氫鍵有：

$$-OH\cdots\cdots O \qquad 例如聚乙烯醇 -(CH_2CH)-$$
$$OH$$

$$-N-H\cdots N \qquad 例如尼龍 6 -(N-(CH_2)_5C)-$$

氫鍵的鍵能約在 13～40kJ/mol 之間，比共價鍵的鍵能，200～700 kJ/mol 少一個數級，但是比范德華力高出 2～4 倍。

具有氫鍵的聚合物，亦能和空氣中的水蒸氣形成氫鍵，和水的親和力強，故而吸水率高，當聚合物中含有水分子時，其分子之間的距離會拉大，而影響到強度下降。

和水的親和力非常好的聚合物，即為水溶性聚合物，例聚醋酸乙烯（poly vinyl acetate, PVAC）和聚乙烯醇（poly vinyl alcohol, PVA）。

◻ 2.1.2　范德華力

范德華力包含：

1. 極性分子的*永久偶極*（permanent dipole）之間的正負極的相互靜電作用力。

2. 永久偶極對其他分子所產生的**誘導力**（induced force）。

3. 分子瞬間因電荷的振動相互作用力稱之為**色散力**（disperion 或 London force）。

　其中以色散力為主，其大小可以用下式計算：

$$F = \frac{3}{4} h v_0 \left(\frac{\alpha^2}{r^6} \right) \qquad (2\text{-}1)$$

式中：h：Plank 常數；

　　　v_0：振動頻率；

　　　α：極化能力（polarizability）；

　　　r：dipole 之間的距離。

　此外永久偶極之間的作用力則與距離之 6 次方成反比，與偶極矩之 4 次方成正比。誘導力也同樣的與距離之 6 次方成反比而與極化能力和偶極矩之平方的乘積成正比。

　是以：

1. 分子之間作用力的大小和極性強度的平方呈正相關。參看表 2-4，極性的強度：

$$PAN > PVC > PAA > PP \approx PE$$

是以 PAN 的強度大於 PVC 再大於 PAA，而 PP 與 PE 的強度低。PP 和 PE 之所以能成為具有一定強度的有用聚合物，是因為 PP 和 PE 能形成結晶，r 很小。

2. 分子間作用力和偶極矩之間距離的 6 次方成反比。即是如果能拉近距離，作用力即可以 6 次方的比例上升。分子能排成相互之間距離最短的，就是以晶體排列。故而能形成晶體的聚合物的強度遠高於同一種聚合物的非結晶態強度。由於在結晶態分子的排列緊，故而密度也比較大。聚合物中結晶的比例稱之為*結晶度*（crystallinity），T_m 稱之為*結晶熔解溫度*（crystalline melting temperature），以 PE 為例：

	密度（g/cm^2）	結晶度（%）	拉力（MPa）	T_m（℃）	T_g（℃）
HDPE	0.94～0.965	＞90	30～70	135	－90
LDPE	0.91～0.93	60～70	10～20	105	－90

在另一方面，聚合物主鏈上的側基（或支鏈）會拉大分子鏈之間的距離，因而降低了分子之間的作用力。如以聚丙烯酸甲酯 PMMA 為例。PVC 和 PAN 當分子量達到 10,000 以上時，即具

有相當強度，而 PMMA $-CH_2-\overset{\overset{\displaystyle CH_3}{|}}{\underset{\underset{\displaystyle COOCH_3}{|}}{C}}-$ 由於側基大，它的分子量必須

達到 1,000,000 以上，才能具有相對應的強度。

□ 2.1.3　分子量與強度

聚合物的強度和其分子量呈正相關，即是分子量愈高則強度愈高。在分子量到達某一分子量 M_c 之後，強度增加的速率減緩。不同聚合物之分子量和強度的關聯不同。

　　口香糖（橡膠）、PE 塑膠袋和 PS 製成的透明 CD 盒的分子量大致相同（約在 250,000 左右），表現出來的強度不同，而日常穿著用的聚酯纖維的分子量約為 18,000 左右。當分子量非常大時，所呈顯的性質可能完全不同，例如分子量在百萬以上超高分子量聚乙烯（ultra high molecular weigh PE）。

　　交聯聚合物的分子量在交聯之後以倍數上升，其平均分子量極大，例如橡皮筋、輪胎是由一個分子構成的。

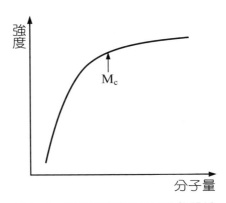

圖 2-1　聚合物強度與分子量的關係

□ 2.1.4　韌性

　　韌性（toughness）是材料強度的綜合性質。參看圖 2-2，A 是柔性材料，在斷裂時其伸長率（elongation）大，拉伸強度（tensil strength）小；B 是剛（riqid）性材料，斷裂時伸長率小，而拉伸強度大；C 是兼具比較平恆的性質，其變形 VS 力線下的面積最大，即是需要最大的功來使其斷裂，是韌性最佳的材料。

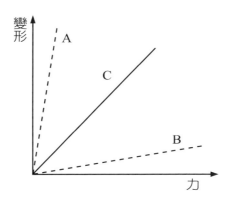

圖 2-2　材料的受力與變形

2.2　強度與溫度

　　無機材料例如鋼鐵和玻璃，在固態呈顯強度。當溫度上升時，強度呈線型下降；在到達熔點時，強度即急速消失。聚合物的強度與溫度的關係和無機材料有顯著的不同。

- 聚合物在相對低溫時，是超冷（super cooled）的玻璃態，即是拉伸強度高但伸長率小，是強而脆的固體。當溫度升高至某一定值 T_g 時，強度急遽下降約三個數級（1000 倍），同時伸長率增加。T_g 稱之為**玻璃轉換溫度**（glass transition temperature, Tg），無機材料沒有相對應的 T_g。

- 當溫度高於 T_g 時，結晶、非結晶聚合物的強度呈現不同的變化。聚合物具有黏性和彈性，稱之為**黏體體**（visco-elastic）；黏性代表不可逆變形，彈性代表可逆變形（詳見第五章）。二者均隨溫度上升而減少；但在相對低溫時，彈性顯著，材料具可用的強度；在相對

高溫時，黏性居支配地位，材料處於易於變形的狀態，或是方便加工的狀態。

非結晶聚合物的溫度在超過 T_g 之後，在一個相對狹的溫度範圍中維持為黏彈體，溫度再升高，即轉為黏流態。即是：

T_d 是*熱降解*（degradction）溫度。碳鏈聚合物在剪切（shear）力場中（例如加工成型時），溫度到達 350°～360℃ 時，即有明顯的降解現象出現，350°～360℃ 是碳鍊聚合物加工溫度的上限。

結晶聚合物在達到*晶體熔解*（crytalline melting）溫度時，結晶解構成為黏流態。在 T_g 與 T_m 之間為黏彈態。

T_g 與 T_m 之間的概略關係是：$T_g \doteqdot \dfrac{2}{3} T_m °K^\sigma$

交聯聚合物沒有黏流態，即是不能再加工，也沒有 T_m。

圖 2-2 是結晶聚合物的 DSC 譜示意圖。

T_g 峰的面積小於 T_m 峰的面積，即是 T_g 只涉到分子鍊的轉動，而 T_m 則涉及到整個分子鍊的移動，故而需要的能多。

　　圖 2-3 是聚合物體積變化與溫度之間的關係的示意圖。即是當溫度大於 T_g 時，體積有比較大的變化，或者是說 V 和 T 的斜率 dV/dT 在 T_g 為不連續（discontinueous）。此一現象同樣會出現在比熱和電性質對溫度的圖上。這些變化一般要用儀器來觀測。

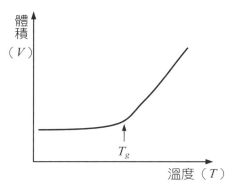

圖 2-3　聚合物的體積 vs 溫度

　　圖 2-4 是聚合物的強度與溫度變化之間關係的示意圖。圖中強度是用強度係數（modulus）E 來表示，E 的定義是：

$$\sigma = E\varepsilon \tag{2-1}$$

式中：σ：應力，stress。

　　　ε：應變或變形，strain。

　　　$E = \dfrac{\sigma}{\varepsilon}$ ＝產生單位變形所需要的力。

　　圖中的縱軸是對數，即是每單位代表一個數級（十倍）。

　　參看圖 2-4：

1. 圖 2-4 中①是玻璃態，在此一區內，多數聚合物的 E 值約為 3×10^{10} dyne/cm²（3×10^9 Pa/cm²），更精確的估計是：

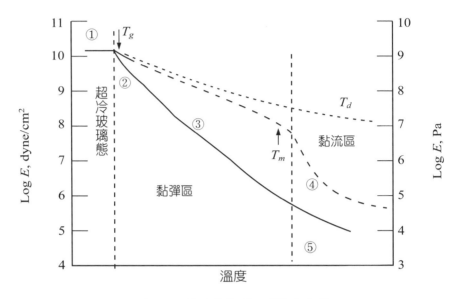

圖 2-4　聚合物的 *E* vs *T* 的示意圖

────── ：非結晶聚合物

┄┄┄┄ ：交聯聚合物

------ ：結晶聚合物

$$E \div 9 \times (CED)$$

$$= 9 \times \delta^2 \qquad (2\text{-}2)$$

式中：*CED*：*內聚能*（cohesive energy），對低分量化合物，

CED 等於氧化熱，詳見第四章。

δ：*溶解參數*（solubility parameter），詳見第四章。

式（2-2）的準確度在玻璃態區內約在 ±30% 之內，在這裡所要彰

顯的是：聚合物的強度，最主要的是和分子之間的作用力相關。

2. 圖中②是*玻璃轉換區*（glass transition），非結晶和交聯聚合物的

強度約相差了三個數級（1,000 倍），其原因是分子的運動加劇，分子之間的距離拉遠，大幅度的降低了分子之間的作用力（詳見 2.1 節）。結晶聚合物的強度則下降 $1 \sim 1\frac{1}{2}$ 個數級。

3. 在經過急遽的強度下降之後，聚合物均有一段強度相對變化比較小的區。此區稱之為黏彈區，即是聚合物同時具有彈性和黏性（見第五章）。

(1)對結晶聚合物，這一段的溫度範圍和聚合物的結晶度（degree of crystalline）直接有關，即是對同一種聚合物而言，高結晶度的溫度範圍比較廣。

(2)非結晶聚合物分子量的大小決定黏彈區的溫度範圍，同一種聚合物，分子量高的比分子量低的溫度範圍寬。

(3)交聯聚合物黏彈的溫度範圍則和交聯度成正比。

4. 在黏彈區之後，結晶和非結晶聚合物即轉換到黏流區。

(1)結晶聚合物的強度在 T_m 之上，急速下降而到達黏流區。

(2)非結晶聚合物沒有 T_m，即是沒有很清楚的變化點。

(3)交聯聚合物沒有黏流區，只會在高溫下分解。

從以上的敘述，T_g 代表聚合物中分子運動的一個分界點。溫度在 T_g 以下時，分子的運動受到很大的限制，而當溫度高於 T_g 時，聚合物的分子開始作比較大幅的運動；相當於低分子量化學品的*相轉換*（phase transition）溫度。T_g 界定聚合物在不同溫度的變化，即是聚合物可使用的溫度範圍，T_m 亦如是，例如：

1. 如果用聚合物製作器具，則所選用的聚合物必需在器具使用的溫度區內具有一定的強度。即是：如果是非結晶聚合物，其 T_g 必高

於使用溫度範圍；如為結晶聚合物，使用的溫度範圍應在聚合物的 T_m 以下。

2. 聚合物加工成型的溫度，是聚合物呈顯黏流態的溫度，即是處於呈現變形不可逆的狀態。是以非結晶聚合物的加工溫度高於 T_g；結晶緊合物的加工溫度高於 T_m。

3. 橡膠的使用範圍必須高於 T_g，在低於 T_g 時失去彈性，是以橡膠必需交聯為巨大的分子，以呈現可用的強度。

4. 使用分散染料著色的聚酯纖維，其染色溫度要高於 T_g，這是由於在 T_g 以下時，聚酯纖維分子之間距離小，染料不容易滲透到分子之間去。

2.3 T_g 與分子結構

2.3.1 自由體積——Flory 對 T_g 的解釋

高分子學科的開山老祖 Paul J. Flory 認為聚合物的體積是由**本體**（intrinsic）體積 V_I 和**自由**（free）體積 V_F 所組成：

$$V = V_I + V_F \qquad\qquad (2\text{-}3)$$

當 V_F 增加到某一數值時，分子的**鏈段**（segment）開始可以旋轉（rotation），此時的溫度即是 T_g。一般認為 $V_F \geq$ 體積的 4% 時，旋轉開始變得明顯。鏈段的長短約為主鏈上 10 至 100 個原子，目前沒有很明確的說法。體積的增加代表分子間距離的增加，故而分子間作用力減少。

以下將說明聚合物分子鏈內旋轉。

□ 2.3.2　聚合物分子鏈的內旋轉

聚合物的主鏈多半是由單鍵所組成。當碳鏈上不帶有其他原子或基團時，$-C-C-$鏈的旋轉如圖 2-5 所示：σ_1 以 z 軸為中心旋轉，並帶動 σ_2 旋轉而形成一錐形面，而 σ_2 則帶動 σ_3 旋轉形成另一錐形面，如此繼續下去。

旋轉愈容易，分子鏈可能的*型態*（configuration）愈多，相對應的熵亦愈大，愈趨向於穩定，是以聚合物的分子鏈愈趨向於旋轉。T_g 低代表分子鏈容易內旋轉，或是具有「*柔*」（flexibility）性；T_g 高的聚合物，需要更高的溫度來提高分子鏈的動能，以便旋轉，具有「*剛*」（rigidity）性。

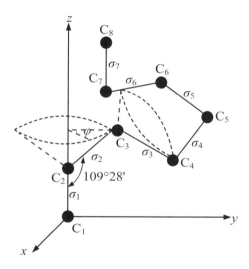

圖 2-5　高分子聚合物分子鏈的旋轉

分子鏈旋轉的難易和下列因素相關：

1. 鍵角愈大，鍵距愈長，則旋轉時的體積愈小，愈有利於內旋轉，T_g 下降。主鍊上如果有苯環，則體積大增，T_g 上升。

2. 主碳鍊上的側基會增加旋轉時的體積增加旋轉的困難度，T_g 上升。主鍊上如果有苯環，體積亦增加，T_g 上升。

3. 分子與分子之間的作用力愈強，則旋轉的困難度增加，T_g 上升。

   現分述如下：

2.3.2 主鏈結構與 T_g

2.3.2.1 共價鍵結構與 T_g

表 2-1 是若干共價鍵的鍵長、鍵角和鍵能。

鍵上原子與原子之間的距離愈長，所占有的固定空間位置愈小；鍵角愈大，則原子與原子之間愈接近直線，在旋轉時所需要的空間愈少；二者皆有利於自旋轉。

1. 在表 2-1 中，Si-O，Si-C 的鍵距均大於 C-C 鍵（鍵角亦大），是以矽聚合物的 T_g 約在 $-123℃$，是所有聚合物中最低的。硫的鍵距亦大，是以主鏈上以硫原子為主的聚合物的 T_g 亦低，是理想的橡膠。一般來說，共價鍵的柔性依下列次序排列：

$$-\overset{|}{\underset{|}{Si}}-O->\quad -\overset{|}{\underset{|}{C}}-O->\quad -\overset{|}{\underset{|}{C}}-\overset{|}{\underset{|}{C}}-$$

表2-1　共價鍵的鍵長、鍵角和鍵能

鍵	鍵長（$\times 10^{-1}$nm）	鍵能（$\times$ 4.1868kJ/mol）	鍵角
C－C	1.54	83	
C＝C	1.34	147	
C≡C	1.20	194	
C－H	1.09	99	
C－O	1.43	84	
C＝O	1.23	171	
C－N	1.47	70	
C＝N	1.27	147	
C≡N	1.16	213	
C－Si	1.87	69	
Si－O	1.64	88	
C－S	1.81	62	
C＝S	1.71	114	
C－Cl	1.77	79	
S－S	2.04	61	
N－H	1.01	93	

2. 主鏈上的雙鍵，雖然鍵距不長，但是在雙鍵上會減少兩個其他的
　原子例如氫，故而在旋轉時的位阻少同時原子數減少，分子間作
　用力也減少，即是：

$$-\overset{|}{C}=\overset{|}{C}-　相對於　-\overset{|}{\underset{|}{C}}-\overset{|}{\underset{|}{C}}-$$

故而主鏈上的雙鍵會降低 T_g。例如順式聚丁二烯的 $T_g=-108℃$，
聚乙烯的 T_g 約為 $-90℃$，二者的分子結構相差一個雙鍵。

3. 鍵能愈高，聚合物的**熱裂解**（thermal degradation）溫度愈高，同時剛性愈大。

2.3.2.2　主鏈上苯環對 T_g 的影響

主鏈上最常見到的環鏈是苯環，由於苯環的體積大，旋轉困難，T_g 會上升，其上升的多少和苯環的密度相關，例如：

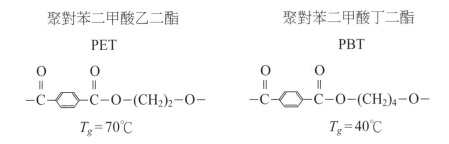

二者苯環之間相差了 $-CH_2-CH_2-$，而 T_g 相差 30℃。

再例如聚碳酸酯 PC，和聚苯醚 PPO，二者鏈結構相差不大：

聚碳酸酯，PC　　　　　　　　　　聚苯醚，PPO

$T_g = 150℃$　　　　　　　　　　　$T_g = 220℃$

PPO 的甲基在苯環上，增加了旋轉所需要的體積，T_g 高了 70℃。PC 的 T_g 雖然高至 150℃，但仍具有聚合物中最高的抗衝擊性（impact），而不脆，是一特殊的例子。

主鏈上的環鏈愈大，則 T_g 愈高，例如：

Poly（amide-imides），PAI

$$\left[\begin{array}{c} C \\ O \end{array}\begin{array}{c} O \\ \parallel \\ C \\ \parallel \\ O \end{array} N - \bigcirc - CH_2 - \bigcirc - N \begin{array}{c} H \\ | \end{array}\right]_n \qquad T_g = 275^\circ C$$

2.3.2.3　側基對 T_g 的影響

當碳鏈上的氫被其他的側基（side group）所取代時，側基所占有的空間大於氫所占有的空間，即是旋轉時的空間位阻增加，使得 T_g 上升，例如表 2-2：

表 2-2　空間位阻對 T_g 的影響

聚合物	結構單元	T_g（℃）
聚乙烯，PE	$+CH_2CH_2+$	-90
聚丙烯，PP	$+CH_2CH+$ $\quad\quad |$ $\quad\quad CH_3$	-20
聚苯乙烯，PS	$+CH_2-CH+$ $\bigcirc$	100
聚（2甲基苯乙烯），poly（2 methyl styrene）	CH_3 $+CH_2C+$ $\bigcirc$	180

以下再將側基分發為*非極性*（nonpolar，即分子上的電子分佈是均勻的）和*極性*（polar，分子上的電子分佈不均勻）兩類分開討論。

極性的強弱一般用 dipole moment, polarizability, electronegativity 等來表示。

短的非極性側基，增加了旋轉的位阻，T_g 上升。當側基的鏈長增加時，側基本身捲曲且為柔性鏈，反而提供了主鏈更多的空間，而使得 T_g 下降。表 2-3 是不同鏈長的聚甲基丙烯酸酯類 T_g 和鏈長的關係。

表 2-3 $\begin{matrix} & CH_3 \\ \fallingdotseq(CH_2C\fallingdotseq) \\ & COOR \end{matrix}$ R 鏈長與 T_g 的關係

R	$-CH_3$	$-C_2H_5$	$-C_3H_7$	$-C_4H_9$	$-C_5H_{11}$	$-C_8H_{17}$	$-C_{12}H_{25}$
T_g（℃）	105	65	35	20	-5	-20	-65

同樣的，聚丙烯酸酯上 R 的鏈長也具有相類似的結果，黏著劑工業利用丙烯酸酯 T_g 的可控制性，製造出不同用途的黏著劑。

極性側基的電子分佈不均勻而集中在分子的一端，由於電子之間會相互排斥，造成旋轉的困難，造成 T_g 上升。表 2-4 說明這種情況。

由於影響 T_g 高低的因素很多，側基的極性和 T_g 之間不是簡單的比例關係。一般是側基的極性愈強，聚合物分子之間的作用力愈強，是以 T_g 與聚合物的強度有關聯，強度高的聚合物，其 T_g 也愈高。以尼龍為例，尼龍的強度和其中 $-\overset{|}{\underset{H}{N}}-$ 所形成的氫鍵有關，不同尼龍中 $-\overset{|}{\underset{H}{N}}-$ 的密度不同，強度不同，T_g 亦不同：

表 2-4　側基極性對 T_g 的影響

聚合物	結構單元	側基	dipole moment（$\times 10^{29}$/cm）	T_g（℃）
PE	$+CH_2CH_2+$	無	0	−90
PP	$+CH_2CH+$ 　　　$\|$ 　　　CH_3	−CH₃	0	−20
聚丙烯酸 PAA	$+CHCH+$ 　　$\|$ 　　COOH	−COOH	0.56	106
PVC	$+CH_2CH+$ 　　　$\|$ 　　　Cl	−Cl	0.68	85
PAN	$+CH_2CH+$ 　　　$\|$ 　　　CN	−CN	1.33	130

尼龍 6：$\left[\!N\!-\!(CH_2)_5\!C\right]$　　　　　　　　$T_g = 50℃$

尼龍 6/6：$\left[\!N\!-\!(CH_2)_6\!-\!C(CH_2)_4CO\right]$　　$T_g = 50℃$

尼龍 6/10：$\left[\!N\!-\!(CH_2)_6N\!-\!C(CH_2)_8C\right]$　　$T_g = 42℃$

尼龍 11：$\left[NH(CH_2)_{10}CO\right]$　　　　　　$T_g = 43℃$

尼龍 12：$\left[NH(CH_2)_{11}CO\right]$　　　　　　$T_g = 40℃$

如果極性側基在鏈上的位置是對稱的，則極性相互抵消，T_g 大幅度下降，例如：

$$-CH_2-CH- \qquad T_g = 80°C$$
$$\qquad\quad | $$
$$\qquad\quad Cl$$

$$\qquad\qquad\qquad Cl$$
$$\qquad\qquad\qquad |$$
$$-CH_2-C- \qquad T_g = -17°C$$
$$\qquad\qquad\qquad |$$
$$\qquad\qquad\qquad Cl$$

$$-CH_2-CH- \qquad T_g = 40°C$$
$$\qquad\quad |$$
$$\qquad\quad F$$

$$\qquad\qquad\qquad F$$
$$\qquad\qquad\qquad |$$
$$-CH_2-C- \qquad T_g = -40°C$$
$$\qquad\qquad\qquad |$$
$$\qquad\qquad\qquad F$$

當極性側基在碳鏈的密度過大時，電子之間的排斥力超過了吸引力，反而使得分子之間的距離加大，旋轉容易，T_g 下降。例如用氯化的方法去增加 PVC 中的含氯量，當含氯量超過 63% 時，T_g 下降。

含氯量，重量（%）	56.8（PVC）	61.9	63	64.5	66.8
T_g（°C）	80	75	80	72	70

□ 2.3.3　分子量對 T_g 的影響

當數均分子量Mn（見第四章）小於 5,000 時，T_g 和Mn之間呈線型關係，而當 Mn 大於 10,000 時，T_g 基本上和分子量無關。

2.4　T_m 與分子結構

□ 2.4.1　結晶

　　將物質內部的原子、分子和離子視為質點，如果這些質點在三維空間中呈週期性的重複排列時，該物質即稱之為*晶體*（crystalline）；這種規則性的排列可以用 X 光繞射法來測定，並可計算出質點排列的方式和距離。例如立方晶體（cubic）等。

　　晶體的最小單位稱之為 primitive unit cell，或稱之為*晶核*，所占有的體積為奈米大小。

　　在晶核的面上可以順著原來排列繼續生長晶體，質點連續規則排列形成*單晶*（single crystal）。聚合物單晶的大小在微米（micron, μ）的範圍比晶核高三個數級，但是比半導體的單晶小了四個數級，而可能是*片晶*（lamelle）、*球晶*（spherulite）等型態。

　　在單晶與單晶之間存在非晶態，晶態是剛性的，而非晶態提供了柔性，二者以適當的比例搭配，即得剛柔並具的*韌性*（toughness）。從實用的觀點出發，韌性是最重要的，故而晶態和非晶態要同時並存，並可依照用途的需要，調整其比例。

　　晶態的密度比非晶態的密度高，光在晶態中的速度比在非晶態中慢，是以含有晶態的聚合物是不透明的，除非將單晶的大小控制在可見光波長以下（小於 400nm），非晶態聚合物的透明度大於晶態聚合物。

　　在本節中將依次說明影響結晶的因素，T_m 的意義和影響 T_m 的因素。

□ 2.4.2 影響結晶的因素

以下將依次討論聚合物的分子結構、溫度和外力對結晶的影響。

2.4.2.1 分子結構對結晶的影響

聚合物主鏈的結構愈規則，愈有利於結晶；主鏈上的側基必須要依照一定的規則排列方能形成晶態，例如 PP。

支鏈可以看成是一種側基，在聚合 HDPE 時，常用加入丁烯 1 來控制結晶度。丁烯的分子式是 $CH_2 = CHCH_2CH_3$，在與乙烯聚合時所形成的聚合物是：

$$-CH_2-CH_2-CH_2-CH-$$

乙烯 ┊ 　　　　CH_2 ┊
　　　　　　　　CH_3
丁烯 1

即是每個丁烯 1 的分子在主鏈上形成了一個支鏈，加入的丁烯 1 愈多，支鏈愈多，結晶度下降，密度下降，拉力減少而抗衝擊力上升。

利用 Ziegler 和 metallocene 催化劑的配聚合，是目前可以使側基規則排列的聚合方法。例如利用 metallocene 催化劑可以聚合出苯基在主鏈交換排列的間同 SPS，和無規 PS 相比較：

	T_g（℃）	密度（g/cm^3）	T_m（℃）	可使用的最高溫度（℃）	透明度
PS	100	1.05	—	～60	透明
SPS	100	1.2	270	＞200	不透明

2.4.2.2　結晶溫度

在實驗室中，可以讓聚合物的溶液或熔體在 T_m 以下的溫度使聚合物形成晶體。溫度在 T_g 之下時，分子的移動非常緩慢，分子重新排列成晶態的時間極長，而溫度在 T_m 時，分子的運動快速到無法維持一定形狀的排列；是以最佳的*結晶溫度* T_{max}，應該在 T_g 和 T_m 之間。一種估算最佳結晶溫度的實驗式是：

$$T_{max} = 0.85\, T_m \tag{2-5}$$

在此，T_{max} 和 T_m 均為絕對溫度°K。

式（2-5）表示 $T_{max}/T_m = 0.85$，實際上，此一比值的範圍為 $0.78～0.87$。

2.4.2.3　外力對結晶的影響——定向結晶

聚合物在受到外力時，分子會沿力的方向排列（參看 5.1 節），如果在受力時結晶，晶體即順著外力的方向排列如圖 2-6。這一過程稱之為*定向結晶*或*延伸*（orientation）。聚合物在延伸定向結晶之後，其在延伸（外力）方向的強度大約增強約 3～4 倍。圖 2-7 是 PET 強度與延伸方向的關係。橫軸是試樣與延伸方向的角度，0°代表與延伸

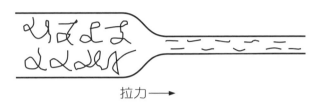

拉力——→

圖 2-6 聚合物分子沿外力方向排列示意圖

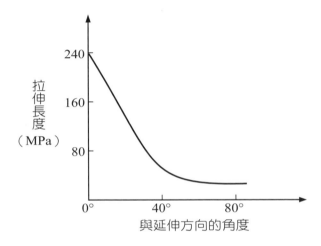

圖 2-7 強度與延伸方向，材料為聚酯（PET）

（外力）平行的方向；90°則是與延伸方向垂直，可以看出與延伸方向
（亦同時是外力的方向）平行的強度高出平行方向 6 倍。

單方向延伸普遍用在人造纖維的生產過程中。雙軸向延伸（biaxial
oriented）用於生產聚丙烯膜，即是 BOPP 膜。利用延伸來使聚合物定
向結晶是工業上使用已久的技術。

❑ 2.4.3 結晶解構的溫度——T_m

當溫度上升，聚合物分子的能量增加，分子運動更為劇烈；在溫

度達到 T_m 時,聚合物的分子不再能維持一定的排列,或者說晶體解構。T_m 的物理意義約相當於冰點,在此一溫度之下,分子規則排列,高於此一溫度,規則性的分子排列不再存在。但是在外觀上,聚合物在 T_m 上下的變化遠不如冰化為水明顯,參看圖 2-4,在高於 T_m 的溫度,聚合物是一高黏度(需要相當大的外力才能產生變形)的黏流體。聚合物的強度、熱性質以及電性質,在 T_m 上下的變化和在 T_g 附近的行為相同,即是會在 T_m 上下呈非線性的變化。T_g 和 T_m 可以用相同的測定熱性質的儀器測定。

　　T_m 是聚合物可以使用的最高溫度,同時也是使用射出成型和擠出成型加工時的最低溫度。以下將說明分子結構和 T_m 的關係。

2.4.3.1　聚合物分子結構和 T_m 的關係

　　恆溫時*自由能*(free energy)變化可以寫成:

$$\Delta\mu = \Delta H - T\Delta S \qquad (2\text{-}6)$$

式中:H:焓,enthalpy;

　　　T:絕對溫度;

　　　S:熵,entropy。

　　在晶體解構的過程中,沒有化學變化,也沒有和其他物質的交互作用,根據平衡的要求,$\Delta\mu = 0$,是以

$$T_m = \frac{\Delta H}{\Delta S} \qquad (2\text{-}7)$$

是以如果：

(1)增加ΔH，即是提高聚合物內分子之間的作用力，可以提高T_m。

(2)減少ΔS。如 2.1 節中所述，柔性鏈易於捲曲，分子鏈所能形成的 configuration 多（參看 1.4），即是在從排列規則的晶態變為非晶態時，柔性聚合物的分子所呈現不同的分子鏈型態多，或是ΔS比較大；相反的，剛性聚合物的分子鏈在非晶態時所呈現出來的型態少（參閱第八章液晶節），ΔS的值小。是以剛性鏈有助於提高T_m。

分述如後：

2.4.3.2　分子間作用力與T_m

請參看式（2-4），增加側基的極性，可提高分子之間的作用力，即是提高T_m；再採用表 2-4 的數字，得表 2-5：

表 2-5　側基極性與T_m的關係

聚合物	側基	dipole moment（$\times 10^{29}$/cm）	T_m（℃）
PE	H	0	135
PP	CH_3	0	147
PVC（結晶態）	Cl	0.68	220
PAN	CN	1.33	318

尼龍類聚合物含有$-\overset{\text{H}}{\underset{\text{H}}{\text{N}}}-$基，可以形成氫鍵，表 2-6 是不同尼龍中$-\overset{\text{H}}{\underset{\text{H}}{\text{N}}}-$基的數量和$T_m$之間的關係。$-\text{N}-$的密度愈高，$T_m$愈高。

表 2-6　氫鍵密度與 T_m

種類	分子式	氫鍵密度，平均每隔多少個原子有一個氫鍵	T_m（℃）
6	$\begin{array}{c} H \\ \vert \\ \text{-}N\text{-}(CH_2)_5CO\text{-} \end{array}$	6	225
6/6	$\begin{array}{c} H \qquad\quad H \\ \vert \qquad\quad \vert \\ \text{-}N\text{-}(CH_2)_6\text{-}N\text{-}CO(CH_2)_4CO\text{-} \end{array}$	6	235
8	$\begin{array}{c} H \\ \vert \\ \text{-}N(CH_2)_7\text{-}CO\text{-} \end{array}$	8	213
10/9	$\begin{array}{c} H \qquad\quad H \\ \vert \qquad\quad \vert \\ \text{-}N\text{-}(CH_2)_{10}N\text{-}CO(CH_2)_7CO\text{-} \end{array}$	$9\frac{1}{2}$	214
10/10	$\begin{array}{c} \text{-}N\text{-}(CH_2)_{10}N\text{-}CO(CH_2)_8CO\text{-} \\ \vert \qquad\quad \vert \\ H \qquad\quad H \end{array}$	10	216

從表 2-6 中可以看出內聚力增加，T_m 會上升，但是二者之間的關係不能以簡單的函數關係表達。

2.4.3.3　主鏈結構

請參閱 2.1.4.2 節，主鏈上含有苯環時鏈的剛性會增加，即是 Δs 會變小，表 2-7 列出若干聚合物主鏈上苯環密度與 T_m 的關係。

將表 2-7 中，從 1～3，4～6 和 7～10 三組來看，苯環的密度增加，T_m 亦明顯增加。同樣的，二者之間的關係無法以簡單的函數表示。

參看表 2-1，C＝C 的鍵能高於 C－C 的鍵能約 1.8 倍，剛性遠高於 C－C 鍵，是以：

$$PE \qquad \text{─}CH_2CH_2\text{─} \qquad T_m = 137°C$$

$$聚乙炔 \qquad \text{─}CH=CH\text{─} \qquad T_m > 800°C$$

聚乙炔中的雙鍵是連續的，不同於 2.1.4.1 節中單獨存在的雙鍵。在實務上要在主鏈上連續加入高鍵能的結構的困難度極大。

表 2-7　主鏈上苯環密度與 T_m

序號	聚合物分子式	T_m（℃）
1	$-CH_2-CH_2-$	137
2	$-\!\!\bigcirc\!\!-CH_2CH_2-$	400
3	$-\!\!\bigcirc\!\!-$	530
4	$\text{─}\!\!\overset{H}{N}(CH_2)_6\overset{H}{N}-\overset{O}{C}(CH_2)_4\overset{O}{C}\text{─}$	235
5	$\text{─}\!\!\overset{H}{N}(CH_2)_6\overset{H}{N}-\overset{O}{C}-\!\!\bigcirc\!\!-\overset{O}{C}\text{─}$	350
6	$\text{─}\!\!\overset{H}{N}-\!\!\bigcirc\!\!-\overset{H}{N}-\overset{O}{C}-O-\!\!\bigcirc\!\!-\overset{O}{C}\text{─}$	450
7	$\text{─}O-(CH_2)_4O-\overset{O}{C}-(CH_2)_4-\overset{O}{C}\text{─}$	45
8	$\text{─}O-(CH_2)_4-O-\overset{O}{C}-\!\!\bigcirc\!\!-\overset{O}{C}\text{─}$	264
9	$\text{─}O-(CH_2)_4-O-\overset{O}{C}-\!\!\bigcirc\!\!-\!\!\bigcirc\!\!-\overset{O}{C}\text{─}$	330
10	$\text{─}O-\!\!\bigcirc\!\!-\overset{O}{C}\text{─}$	550

2.5　聚合物的改質──調整T_g和T_m的途徑

改質（modification）的目的是修正均聚合物的一些性質，以增加其可被應用的程度。這些性質包含：

1. 增加剛性聚合物的柔性，或是增進其韌性，以擴大其應用範圍，即是降低T_g。
2. 改善其加工性，即是降低其熔體的黏度，以便於加工（參看第六章），即是降低T_m，使聚合物可以在比較低的溫度開始黏流。
3. 增加聚合物的強度，一般是加入極性比較強的結構單元。

從本章的 2.1 至 2.4 節中可以看出我們對聚合物的分子結構與性質之間的關係已累積了一些知識。在本節中將說明如何利用這些知識來對聚合物進行改質。改質的方法可以分為混滲（compounding）及化學改質兩類分述如後。

□ 2.5.1　混摻改質

混滲是將聚合物和另一化合物混合為穩定而不會分離的、均勻的系統；另一化合物可以是單一分子化合物，也可以是聚合物。

PVC 是用混摻方式改質的最成功的例子。PVC 的T_g為 80℃，在常溫很脆。在 1940 至 1970 年之間，PVC 是最重要、也是用量最大的聚合物，全歸功於發展出一系列可以降低 PVC T_g的*助塑劑*（plasticizer，亦譯為塑化劑）。這些助塑劑包含：分子量為數百的化合物如 DOP、分子量在 2,000 左右的環氧化大豆油、及分子量為數萬的 MBS；助塑劑稀釋了 PVC 內極性基因的濃度，降低了分子之間的作用力，可

以將混摻後 PVC 的 T_g 降到 −40℃ 以下。是以 PVC 的加工業者可以用加入助塑劑來調配出 T_g 不同的材料，製造出自硬的管材、人造皮、冰箱門的封條、洋娃娃以至於盛裝食物油和汽水的瓶子。

發展出能適用於不同用品的 PVC 系列產品，是科技研發的成就。其他聚合物，無一能做到。

PPO 是可以長期用在 200℃ 以上的聚合物，其 T_m 高於 300℃，很接近聚合物開始降解的溫度 350℃；即是，PPO 由於 T_m 高，不能在 350℃ 或以下的溫度呈現可加工的黏流態；要方便加工，必需降低 PPO 的 T_m。現在的做法是和在黏流態黏度低的 PS 混摻，以降低 T_m 和呈顯黏流態的溫度。

使用混摻法時，必需要考慮到不同物質之間的相容性（第四章）。如前述，發展出適用於 PVC 的助塑劑、是科技的成就，能用於和 PPO 混摻的 PS，有嚴格的規格要求。

橡膠在加工時，要加入高比例的擴展油（extended oil），以改善其加工性質，便於加入大量的碳黑（carbon black）或其它填充料（filler）。

❑ 2.5.2. 抗衝擊聚苯乙烯──共聚合改質例一

在 1960 年代 PE 和 PP 尚未大量工業化生產之前，塑膠類聚合物以 PVC 和 PS 為主；二者的 T_g 都高於室溫，是以都有「脆」的問題。PVC 可以用加入助塑劑來大幅降低 T_g 而成為 1970 年以前用量最大的塑膠。改良 PS 的「脆」性也是研究的重點，其基本的思考方向是在脆的 PS 中加入敲不斷的橡膠。

1950 年代初期的工作集中在以何種方式將 PS 和不同的、未交聯的橡膠混合在一起，例如用溶液或乳膠的型態混合。由於 PS 和橡膠的相容性和加工性質（黏度，參看第六章）不同，是以在加工時二者會分離，而失去了改善 PS 脆性的原意。其他可行的途徑是將橡膠和PS 用化學鍵連結在一起，即是共聚合。

　　今日抗衝擊 PS（high impact PS, HIPS）的生產方法，是將 3～8%重量%的聚丁二烯溶解在苯乙烯單體（styrene monomer, SM）中，然後聚合，即是在苯乙烯聚合為聚苯乙烯的過程中將聚丁二烯接枝在PS上，以達到增韌的效果。聚丁二烯是以微粒子狀存在於HIPS中，HIPS不透明。透光性很好的聚甲基丙烯酸甲酯（PMMA）也利用橡膠來改善其脆性，而做法更為細緻。PMMA 是用乳化聚合（參看第一章），當 PMMA 的粒子大小達到某一值之後，加入丁二烯，即是在 PMMA粒子外包上一層薄的聚二烯層，聚丁二烯層的厚度必須小於可見光的波長，以避免影響到產品的透明性。

2.5.3.　ABS——共聚合改質例二

　　ABS 是丙烯氰（acrylonitrile, AN）、丁二烯（butadiene, BD）和苯乙烯的共聚合物。

　　AN 的極性強，聚丙烯腈（PAN）的強度極佳，但是 T_m 為 318℃（表 2-7），距離碳鏈聚合物的熱分解溫度 350～360℃，不到50℃，而且由於分子間作用力強，熔體的黏度非常高，是以不適用一般的熱塑聚合物的加工方法加工。

　　聚苯乙烯的側基是苯，體積大，轉動困難，T_g 為 100℃。同時苯使得分子之間的距離變大，分子間的作用力弱，是以 PS 熔體的黏度

非常低,是加工性最好的聚合物。是以將 AN 和 SM 共聚而得到的 SAN(亦稱 AS),是將高強度和低黏度的結構單元共聚在一起,得到性質介於 PAN 和 PS 之間的共聚合物。SAN 的強度高於 PS,加工性優於 PAN,但是韌性尚不夠好,是以要在 SAN 中加入橡膠,共聚為 ABS。

目前大多數 ABS 的生產方法是:先將 BD 用乳化聚合來形成聚丁二烯的粒子,再在粒子外接枝上 SAN,稱之為 ABS powder(ABS 粉),再將 ABS 粉和 SAN 混摻而得含 BD15%、AN25%和 SM60%的 ABS。不直接用接枝法來達成最終產品的原因是乳聚法太慢,故而儘可能的減少使用乳聚法的必要性。要先在 BD 粒子上接枝上 SAN 的原因是改善其與 SAN 的相容性(參看第四章)。最新的 ABS 生產方法是 1980 年代發展出來的溶液聚合。

ABS 廣泛應用於洗衣機、吸塵品和電視的外殼,以及冰箱的襯裡等家電用品。

2.5.4 從 LDPE 到 HDPE——共聚合改質例四

在聚合 PE 的時候,如果加入另一單體例如丁烯 1,則所形成的聚合為:

$$-CH_2CH_2-CH-$$
$$|$$
$$CH_2$$
$$|$$
$$CH_2$$
$$|$$
$$CH_3$$

即是，丁烯形成了支鍊，打亂了分子鍊的規則性，降低了聚合物 PE 的結晶的比例、比重和強度，但是增加了伸長率和透光性。是以商用 PE 的比重範圍為 0.91～0.96，用途涵蓋了保鮮膜，農膜盛器及管材等。

加入丁烯 1 對 PE T_g 的影響不大；不加丁烯 1PE 的比重可以高到 0.965 左右，結晶度接近 100%， T_m 在 130℃左右；隨著丁烯 1 添加量的增加，結晶降到 60% 左右， T_m 降到 110℃。

□ 2.5.5　交聯

將聚合物的分子鏈用化學鍵連結在一起，而形成一個分子量極大的三維分子，稱之為*交聯*（cross link）。聚合物在交聯之後強度硬度和耐熱性均大幅增加，溶解性降低。要將分子鏈用化學鍵聯結在一起，如果在分子鍊上有容易活化的基因，例如雙鍵。

含丁二烯或異戊二烯的橡膠中含有雙鍵，可以利用硫作為交聯劑交聯。原本不含雙烯類單體的橡膠，例如乙丙橡膠（ethylene propylene rubber, EPR）也可以在聚合時加入 3～8% 的雙烯，而具交聯性。未交聯的橡膠，例如口香糖不具有可應用的強度，必須在交聯之後才能用作輪胎等用途。

是以一般容易交聯的聚合物中含有雙鍵，或是其具有反應活性的基團，例如順丁酐（maleic anhydride, MA）：

```
H   O
|   ||
C - C
||       O
C - C
|   ||
H   O
```

中含有一個雙鍵可以加成聚合，兩個−COOH 基可以進行逐步聚合，是以無論是用加成或逐步聚合將順丁酐包含在單體中，所得到的聚合物均帶有具活性的反應基團。

如果聚合物中不含有可反應的基團，則可以加入過氧化物來引發產生自由基，或者利用電子束、輻射線來造成聚合物表層活化而交聯。

所有的聚合物均可設法使它交聯以增加其分子量、強度、硬度和降低其在溶劑中的溶解性。

除了熱可塑橡膠之外，橡膠類聚合物必需交聯。
由不對稱官能基所形成的逐步聚合物，必需交聯。

□ 2.5.6 鹵化

由非極性單體，例如乙烯、丙烯、丁烯和丁二烯，所組成的聚合物，其溶解參數和表面張力均比由極性單體所組成的聚合物低；是以和極性聚合物的相容性差，造成不易相互溶解和黏著的現象。（參看第四章）

要改變非極性（或者極性弱）聚合物的溶解參數或表面張力的做法之一是用鹵素，例如溴和氯，來取代聚合物中一部分的氫，而使聚合物帶有極性，而大幅度的改善其與其他物質之間的黏著性和相容性。例如做內胎用的丁基橡膠會先部分溴化來增進其黏著性。同時在將橡膠與其他材料黏合時，也會先用氯處理橡膠的表面，以加強黏著強度。

鹵化的程度高時，聚合物的性質會改變，即是鹵化亦是聚合物改質的方法之一。氯化聚乙烯（chlorinated PE, CPE）的含氯量達到 36～48%時，即呈現彈性體的性質。含氯高於 50%時，即接近 PVC 的含氯量（56.8%），彈性消失而呈現剛性。在氯化時加入二氧化硫即可得氯磺化 PE（chlorosulfonated PE），是一種機械強度很好，抗氧化性極佳，並可用於高溫的橡膠。

2.6　總結──改質對 T_g 和 T_m 的影響

2.6.1　助塑劑對 T_g 和 T_m 的影響

　　助塑劑是分子量比聚合物小，而又能和聚合物相容（compatible）的化合物。在聚合物中加入助塑劑之後，擴大了聚合物分子之間的距離，使得聚合物分子之間的作用力減弱（參看本章 2.2 節），分子的旋轉變得容易，故而 T_g 下降。下降的程度和助塑劑的加入量成比例。利用助塑劑的顯例是 PVC，T_g 為 80°C 的 PVC 在加入助塑劑之後，T_g 可以降到 − 40°C。利用助塑劑降低 T_g 的功能，PVC 可以製造硬質的管材、軟質的人造皮，以至於冰箱門上的彈性邊條。

　　用 PS 改質後的 PPO，T_m 下降。

2.6.2　共聚合對 T_g 和 T_m 的影響

依照共聚合物中結構單元排列的不同，可能的情況有三種：

1. 無規共聚合物中，不同結構單元自身聯結在一起的長度短，不能呈現出由不同結構單元單獨組之聚合物的 T_g，故而只有一個 T_g。同時這種無規則的排列，打亂了原來均聚物的規則性，是以無規

共聚合物的 T_g 介於由其組分所形成均聚物的 T_g 之間。例如由24%的苯乙烯和 76%所組成的丁苯橡膠（styrene butadiene rubber, SBR）的 T_g 是 $-70°C$，低於聚苯乙烯的 $100°C$，而高於聚丁二烯的 $-100°C$。無規共聚合物沒有 T_m。

2. 崁段和接枝共聚合物會有兩個 T_g，這兩個 T_g 的位置接近其個別均聚物的 T_g。T_m 則視構成共聚合物的段是否為結晶聚合物而定。

3. 如果構成崁段和接枝共聚合物均聚物的相容性極佳，則會只出現一個 T_g。在實務上這種情形不會出現，因為如果二者的相容性極佳，即可採用混摻（compounding）的方式將二者用機械方法混合而不需要用共聚合。

共聚合是利用化學鍵將性質差異性大的單體結合在一起，以達到某些性質的要求。

2.6.3 交聯對 T_g 的影響

交聯是將聚合物線型的分子鏈，用化學鍵連結在一起，自然會影響到分子鏈的運動，而使 T_g 上升。一般的情況是當交聯的密度低的時候，不影響到鍊段的運動，T_g 的上升不明顯，交聯的密度提高會影響到鍊段的運動，T_g 上升變得顯著。下面有兩個例子：

二乙烯基苯（divinyl benzene, DVB）：
$$CH=CH_2$$
上有兩個雙
$$CH=CH_2$$
鍵，在聚合聚苯乙烯時加入少量的 DVB，DVB 即形成二個聚苯乙烯鏈之間的交聯點，加入的 DVB 愈多，交聯密度愈高，見下表 2-8：

表 2-8　聚苯乙烯交聯度對 T_g 的影響

DVB 加入量（％）	交聯點間平均鏈段數	T_g（℃）
0	−	87
0.6	172	89.5
0.8	101	92
1.0	92	94.5
1.5	58	97

　　另一個例子是：天然橡膠是以硫為交聯劑，交聯後橡膠中含硫量愈高則交聯密度愈高，表 2-9 是例子：

表 2-9　天然橡膠含硫量與 T_g 的關係

含硫量（％）	T_g（℃）
0	− 65
0.25	− 64
10	− 40
20	− 24
＞30	硬橡膠

　　交聯可以使橡膠等聚合物的強度大幅上升，但是「柔」性和「彈」性會下降。表 2-9 表示當加硫到 10％時，所做出來的輪胎不能在 − 40℃ 使用。

2.7　聚合反應對 T_g 和 T_m 的影響

　　在第一章中，提到了聚合溫度對產生支鏈的影響化學組成相同的

聚合物，支鏈的多少會影響 T_g 如 2.3.2.3 節，另一種情況是，如果單體在聚合時會形成不同的分子結構，則聚合反應對聚合物的分子結構有決定性的影響，這些影響有些會明顯的改變 T_g，有些則不會改變 T_g 但是會影響到 T_m，均對聚合物性質的影響非常大。分述如下：

1. 1, 3 丁二烯上有兩個雙鍵：

$$\overset{1}{C}H_2 = \overset{2}{C}H\overset{3}{C}H = \overset{4}{C}H_2$$

在聚合時，如果是第 1 個碳連結到第 4 個碳的 1−4 連結，可能得到兩種分子結構：

順式，cis

反式，trans

$$
\begin{array}{cc}
-C \qquad C- & \\
\quad \backslash \quad / & \\
\quad C = C & T_g = -100\text{℃} \\
\end{array}
$$

$$
\begin{array}{cc}
\qquad C- & \\
\quad / & \\
C = C & T_g = -90\text{℃} \\
/ & \\
-C & \\
\end{array}
$$

如果是第 1 個碳和第 2 個碳相聯的 1−2 連結，則分子結構是：

1, 2 vinyl

$$
\begin{array}{cc}
-CH_2-CH- & \\
\qquad | & \\
\qquad CH & T_g = -20\text{℃} \\
\qquad || & \\
\qquad CH_2 & \\
\end{array}
$$

順式和反式的雙鍵是在主鏈上，而 1, 2 vinyl 的雙鍵是在支鏈上，對增加主鍊的「柔」性沒有幫助，1, 2 vinyl 的 T_g 要比 cis 和 trans 高很多。

聚丁二烯可以用自由基、陰離子和配位三種反應來聚合，不同聚合反應所得到的分子結構如下：

聚合反應	cis 含量（%）	trans 含量（%）	1, 2 vinyl 含量（%）
自由基	～9	～72	～18
陰離子	～36	～54	～10
配　位	＞95	1～2	1～2

這是聚合反應影響 T_g 的顯例。

2. 丙烯可使用自由基、Ziegler 配位催化劑和 metallocene 催化劑三種方式來聚合，其分子結構不同：

$$自由基聚合：-CH_2-CH-CH_2-CH-CH_2-\overset{\overset{\displaystyle CH_3}{|}}{CH}- \quad 即是甲基的位$$
$$\underset{\displaystyle CH_3 \qquad\quad CH_3}{}$$

置是不規則的（atactic, APP），不能結晶，沒有 T_m。

$$Ziegler：-CH_2-\overset{\overset{\displaystyle CH_3}{|}}{CH}-CH_2-\overset{\overset{\displaystyle CH_3}{|}}{CH}-CH_2-\overset{\overset{\displaystyle CH_3}{|}}{CH}- \quad 全 同 （isotactic,$$

IPP），甲基的位置全在主鏈的同一側。

$$metallocene：-CH_2\overset{\overset{\displaystyle CH_3}{|}}{CH}-CH_2\overset{}{CH}-CH_2\overset{\overset{\displaystyle CH_3}{|}}{CH}-CH_2CH- \quad 間同 （syndio-$$
$$\underset{\displaystyle CH_3 \qquad\qquad CH_3}{}$$

tatic, SPP），甲基的位置在主鏈上有規則的交替。

APP、SPP 和 IPP 的 T_g 相同。

由於 IPP 和 SPP 上的甲基具有規律的排列，故而可以形成結晶 T_m 在 130～140℃，在形成結晶之後強度大增，可用作汽車保險桿等用途；而 APP 不能形成結晶沒有 T_m，強度弱，不能作為有用的材料（詳如 2.2 節）。

這是聚合反應不影響 T_g，但是大幅度影響聚合物 T_m 的例子。

複習

1. 說明下列各名詞的：(a)定義；(b)物理意義；(c)影響它們的因素。這些名詞是：

   (A)T_g；(B)分子之間的內聚力；(C)聚合物的晶態；(D)T_m。

2. 說明下列各名詞：

   (a)范德華力（van der Waals force）；(b)氫鍵；(c)交聯。

討論

1. 參閱表 1-1，討論：

   那些聚合物有 T_m。

2. 比較並說明下列各聚合物的 T_g、T_m 和相對的大小。

   (A) $\{CF_2 - CF_2\}$；(B) $\{CF_2 - CF_2 - CF_2 - CF\}$；

   $\qquad\qquad\qquad\qquad\qquad\qquad\qquad\qquad\qquad |$
   $\qquad\qquad\qquad\qquad\qquad\qquad\qquad\qquad\quad CF_3$

   (C) $\{\underset{\underset{Cl}{|}}{\overset{\overset{F}{|}}{C}} - \underset{\underset{F}{|}}{\overset{\overset{F}{|}}{C}}\}$；(D) $\{CH_2 - CF_2\}$；(E) $\{CH_2 - CH\}$；

   $\qquad\qquad\qquad\qquad\qquad\qquad\qquad\qquad\qquad\qquad\qquad |$
   $\qquad\qquad\qquad\qquad\qquad\qquad\qquad\qquad\qquad\qquad\quad F$

   (F)$CH_2 = CH_2$ 和 $CF_2 = CF_2$ 各以一半的比例共聚合。

3. 討論在採用：(A)混摻；(B)任意共聚；(C)嵌段共聚和；(D)交聯方式來對聚合物改質時可能達到的效果，和所受到的限制。

Chapter 3
高分子材料的性質與用途

本書的目的，是說明聚合物的分子結構決定聚合物的性質，而聚合物的性質決定其用途。是以在第二章說明聚合物分子結構與性質的關係之後，即說明聚合物性質與用途之間的關係。

3.1 通論

依照加工的過程，聚合物可以區分為兩大類：一類是在加溫使聚合物能黏流時，即可加工成型的*熱塑*（*thermoplastic*）*類*。在成型的過程中不涉及化學反應，而加工過程基本上是：

$$加熱至可黏流 \longrightarrow 成型 \longrightarrow 降溫定型$$

熱塑類的成型過程，在材料中，是最簡單而快速的。即是加工成本低，故而產品的成本亦低。*人纖*（*man made fiber*）和*塑膠*（*plastic*）類聚合物均屬於熱塑類。

另一類是*熱固*（*thermosetting*）類，即是終端產品是交聯之後的巨大分子聚合物。交聯聚合物不能黏流，造形的過程相對的比較複雜，一般是要在未交聯之前，即是在可流動變型的狀態下造型，同時在造型的過程中使聚合物交聯。

可流動的聚合物 ⟶ 造形+交聯 ⟶ 降溫定型

在成型的過程中伴隨有交聯反應，是以*成型周期*（*molding cycle*）比較長，熱傳和溫控比較複雜，加工成本高。高成本產品能在市場上佔一席之地的原因，是產品具有獨特性。例輪胎一定要用橡膠做，而橡膠需要交聯，其他的熱固類聚合物亦各具特質。

　塑膠、人纖和橡膠是用量最大的三類聚合物，其用量的比例約為：

　　　　塑膠：　人纖：　　橡膠
　　　　　12　　　　4　　　　2（其中天然及合成橡膠各約 1）

單項聚合物的用量排名為：

　　　　PE＞PP≒PVC＞聚脂＞苯乙烯類聚合物

其中除聚酯之外，均為塑膠類。

　本章先說明人纖、塑膠和人造橡膠，再依次說明透明聚合物發泡、熱固類和黏著劑及塗料。

3.2　人造纖維

　表 3-1 是一些聚合物的*內聚能*（cohesive enery）T_g *和* T_m。

表 3-1　一些聚合物的內聚能、T_g 和 T_m

序號	名稱	結構單元	內聚能（J/cm³）	T_g（℃）	T_m（℃）
1	聚乙烯，PE	$-CH_2CH_2-$	260	-90	110～135
2	聚丙烯，PP	$-CH_2CH-$ $\quad\quad CH_3$	265	-27	138
3	聚異丁烯	$\quad\quad CH_3$ $-CH_2-C-$ $\quad\quad CH_3$	272	-70	—
4	聚丁二烯，PB	$-CH_2CH=CHCH_2-$	276	-100	
5	丁苯橡膠，NR		276	-70	
6	聚苯乙烯，PS（非晶態）	$-CH_2CH-$	305	100	—
7	聚氯乙烯，PVC（非晶態）	$-CH_2-CH-$ $\quad\quad Cl$	347	80	—
8	聚對苯二甲酸乙二醇，PET	$-(CH_2)_2-O-C-\bigcirc-C-O-$	477	70	260
9	尼龍 6/6	$-N(CH_2)_6N-C-(CH_2)_4-C-O-$	779	50	260
10	聚丙烯腈，PAN	$-CH_2-CH-$ $\quad\quad CN$	992	116	318

作為衣物用的纖維，其必需要滿足的首要條件是在使用的條件下，例如洗和燙的溫度（長期在100℃），不能有不可逆變形的行為，即是 T_m 要高一點。由於碳鍊聚合物在 350℃～360℃時開始分解，聚

合物必需在低於350℃的溫度黏流；或者是說：在低於350℃的溫度，聚合物能在不特別高的力場下，可作不可逆的變形；即是說 T_m 不能太高（一般在300℃以下）。

其次，聚合物分子之間的作用力愈強，愈有利於高速抽絲，是以高內聚能或高 T_m 的聚合物有利於高速抽絲。同一聚合物，分子量高的**熔體黏度（melt viscosity）**高於低分子量的（參閱第五章），有利於高速抽絲。

表3-2是用量最大的四種人造纖維，除了聚丙烯之外均具有高 T_m 及內聚能。其相對用量是：

聚酯 ≫ 尼龍 > 聚丙烯 ≥ PAN

合成纖維的總用量，略大於棉、毛、絲等天然纖維的總量；其中聚酯的量，大致和棉的用量相同。

表 3-2　常用的人造纖維

名稱	特性及主要用途
聚酯，polyester	與棉、毛的混紡性良好，多與棉、毛混紡，亦可單獨使用。是用量最大的人造纖維。
尼龍 6 及 6/6，Nylon 6 及 6/6	是強度最高的通用人造纖維，同時摩擦係數極低。除了襪子之外，用於夾克、風帆、帳蓬、背包等需要強度和耐磨的用途。吸水量高。除美國之外，尼龍 6 居多數。
聚丙烯，PP fiber	吸水率極低，用於貼身衣物具有排汗保持乾燥的功能，不能用一般染料染色。
聚丙烯腈，PAN	具有和羊毛最接近的手感，用作與羊毛混紡或是單獨使用。

聚酯的優點是可與棉、毛混紡。聚丙烯具有低吸水及價格低的長處。

PAN 的 T_m 太高，初期不能直接抽絲，而必需採用將聚合物溶解在溶劑中形成溶液再抽絲的*濕抽*（*wet spin*）方式，成本高。目前是在聚合時加入丙烯或丙烯酸，打亂一點 PAN 分子鍊的規則性，降低 T_m，以便乾抽。

彈性纖維（杜邦公司的商標 Lycra），是近年來用量成長極快的人造纖維，它先在線型聚合物的型態下抽絲，抽絲後再交聯，是一種生產技術要求很高的產品。

未包含在表 3-2 中，但有一定重要性的人造纖維有：*半人造纖維*（*semi man made fiber*）如人造絲（rayon）；碳纖維（carbon fiber）和耐高溫、強度非常高，但是不用作衣料的聚芳香族（poly aromatic）纖維。

3.3　塑膠

這一大類占聚合物總量約 70%，基本上依用途分為：

1. *泛用或通用*（*general purpose 或 commodity*）塑膠，指多用途而價格低的塑膠，用於製作日常用品。

2. *工程*（*engineering*）*塑膠*，指強度比較大，可用在要承受重量的結構部分的聚合物，可以取代一部份傳統金屬或玻璃等材料的用途。再依照能否熱塑成型而區分為容易加工和不容易加工兩類。

❑ 3.3.1　泛用塑膠

　　泛用塑膠用於製作日常用品，即是在室溫附近具有強度。$T_g >$ 室溫的非結晶聚合物，和 $T_m >$ 室溫的結晶聚合物，均符合此要求。進一步，作為多用途的塑膠必需具備下列三條件：

　　1. 加工方便而且容易操作，即是 T_m 不能太高。

　　2. 價格便宜。

　　3. 性質優良，或是性質在一定範圍內可以改變，足以適合不同的用途。

　　表 3-3 是依照用量列出四大泛用塑膠的性質以及用途。參看表 3-3 其中非結晶的 PVC 和 PS 的 T_g 均高於室溫；結晶的 PE 及 PP 的 T_m 亦高於室溫。

　　在後文中，將逐一討論這四種聚合物能作為用途廣、用量大泛用塑膠的因素。

　　加工容易，基本上是要求開始黏流的溫度不能太高，在這四種聚合物中，T_m 最高的是 PP。其 T_m 為 138℃，故而基本上均符合此一條件。PS 熔體的黏度，相對非常低，或是說加工性（processibility）極佳，適用製作形狀複雜的玩具等。同一聚合物，黏度是分子量的涵數，分子量愈大，黏度愈高，加工愈困難。

　　在性質方面，PP 的強度極好，而且可長期用於 100℃，是性質優的聚合物。PE, PVC 和 PS 均可改質如 2.5 節；即是均在相當廣的範圍中，配合用途的要求。

在成本方面：聚合物的基本原料是：乙烯、丙烯、丁二烯、苯、甲苯和二甲苯（附錄 A1）。這些基本原料中的乙烯、丙烯和丁二烯可以直接形成聚合物例如 PE，PP，和 PB；也可以先反應成另一可作為單體的化合物，例如氯乙烯、苯乙烯和二甲酸等等，再聚合為聚合物。由於少了一次化學反應，故而直接由基本原料聚合而得的 PE 和 PP，成本是最低的。

PVC 的單體是氯乙烯，其中氯所佔的比重大於乙烯，而氯的價格遠低於乙烯；是以，以重量計，氯乙烯的價格低於乙烯，而 PVC 一般是價格最低的聚合物。

表 3-3　五種泛用塑膠的特性及主要用途

名稱	特性及主要用途
聚乙烯，PE	比重（結晶度或強度）變化的範圍廣，適合比較大範圍不同性質的要求。當分子量相同時，PE 的碳鏈是最長的，或是說分子鏈糾纏的程度最高。T_g 低，製品尺寸的穩定性（dimension stability）不佳。用途依次為：吹膜、吹塑、管材、單絲及日常用品。高低頻的電絕緣性極佳。
聚丙烯，PP	是泛用聚合物中強度最大、使用溫度最高的泛用塑膠。不能吹膜，但是可以用延壓方式製造雙軸向延伸膜（BOPP），用於包裝、膠帶等；其另一重要用途是製作扁平絲（flate yarn），用作包裝袋；其他用途與 PE 的重疊性高。高低頻的電絕緣性好，用作在微波爐內的盛器。具有在多次折屈後不斷裂的性質，用作夾子等。亦在用 EPM 增韌之後，用作汽車保險桿。
聚氯乙烯，PVC	用助塑劑增韌之後，性質涵蓋的範圍很廣，基本上分為硬質和軟質兩大類：硬質主要用於建材，例如管材、百葉窗、門窗等；軟質以人造皮和玩具為主。由於對含氯化合物安全性的憂慮，其用途受到限制。

表 3-3　五種泛用塑膠的特性及主要用途（續）

名稱	特性及主要用途
聚苯乙烯， PS ABS	其優點為熔體的黏度低，容易加工，但強度低而脆，而且外觀透明平滑漂亮。主要用於玩具和禮品盒，亦可用於燈具。 是綜合性質很好的聚合物，用於冰箱的襯裡以及家庭電器用器，例如洗衣機、吸塵器等等的外殼和電腦及周邊設備的外殼。ABS 在十年前列為工程塑膠，近年來由於價格下跌和用途增加而列為泛用塑膠。

3.3.2　易於加工的工程塑膠

這是可以用射出成型、擠出成型和延壓等一般的熱塑類聚合物的加工方法來成型的工程塑膠，如表 3-4。

表 3-4　易於加工的工程塑膠

名稱	特性及主要用途
尼龍 6 及 6/6	具有高強度和摩擦係數小的特性，用於取代一些金屬，例如滑輪、汽車的方向盤、把手等。由於價格比較低，是用量最大的工程塑膠。其他尼龍包括：6/9，6/12 等。
聚酯，PET	用於製造寶特瓶、高強度的膜和片材，例如錄音帶、影帶等。
聚酯，PBT	用丁二醇（butane diol）取代乙二醇（ethylene glycol）即可得 PBT（參看 2.1.4.2 節），其韌性比 PET 好，大量用於射出成型，產品包括電子設備用的插頭。
聚醛，polyfor- maldehyde 或 polyoxymethy- lene, POM	具有強度及低摩擦係數，吸水率遠低於尼龍，主要用途是用作拉鏈，也可以用作其他物件。

表 3-4　易於加工的工程塑膠（續）

名稱	特性及主要用途
聚苯醚，polyphenyl oxide, PPO	是可以長期用在 150℃的聚合物，廣泛用在電子工業作為盛器，是電子加工業用量很大的聚合物。為了改變其加工性，有和 PS 混摻的 mPPO（modified PPO）。性質稍差，但加工容易。
聚碳酸酯，PC	這是橡膠、PE、之外抗衝擊性最好的聚合物，同時透光性良好，其用途均和此二項特性有關，例如光碟、眼鏡片等，以及機械設備的面板，和用於透光的建材。
聚苯硫醚，polyphenylene oxide, PPS	能長期在 200℃以上使用，取代了酚樹脂的市場，同時也用於二極體（diode）的封裝。缺點是脆，必須加入補強料（參第六章）來增強其抗衝擊性。

　　表中的尼龍和聚酯，均用於人纖，其 T_m 均高於泛用塑膠，基本上是強度和耐熱性均高於泛用塑膠的聚合物。用作塑膠用途的尼龍和聚酯，其分子量均高於纖維用的。提高分子量會改變其韌性，及增加強度。

　　作為要承受力的工程塑膠，經常會加入 10～40wt%的玻璃纖維，以增進其強度、硬度、和熱變型溫度。

□ 3.3.3　高性能的工程塑膠

　　這些聚合物基本上具有優異的性質，但是由於 T_m 過高，不能用一般的熱可塑類聚合物的加工方法來加工成型，而是要用：溶液鑄模，或用與熱固類聚合物相類似的加工方法成型。是以在加工上不夠方便。

　　這些聚合物在相對的高溫（高於 200℃）具有下列金屬材料所不具備的性質：

1. 具彈性和潤滑性，例如聚氟化合物。

2. 電的絕緣體，和低傳熱係數。

　　它們的用途，均和這些性質有關。

1. 碳氟化合物，以聚四氟乙烯（poly tetrafluro ethylene, PTFE）為主，及減少氟的含量以修改其加工性的一系列產品；例如 PVF（poly vinyl fluoride）、PVDF（poly vinyl diene fluoride，橡膠）等。

2. 聚芳醚酮（poly ether ether ketone, PEEK）：

$$\left[O-\bigcirc-O-\bigcirc-\overset{\overset{\displaystyle O}{\|}}{C}-\bigcirc \right]_n$$

3. 聚蒽亞胺（polyimide, PI）：

4. 聚苯碸（polyether sulfone, PES）：

5. 聚苯硫酸（polyphenglene sulfide, PPS）。

等。

3.4 合成橡膠

橡膠（*rubber*）或*彈性體*（*elastomer*）必需滿足兩個要求：

第一種是受力時容易變形而不斷裂，即是分子之間的作用力不強，或是說 T_g 要低。T_g 同時也是可以應用溫度的下限。例如用於輪胎橡膠綜合 T_g 一班定在 $-70℃$，以保證輪胎可在 $-40℃$ 使用。

第二是在受力變形後，外力消失後即能恢復原狀；即是，在受力變形和外力消失的過程中，聚合物分子鍊之間的相對位置是相同的，或是說是固定不變的。交聯是固定分子鍊之間相對位置的手段。同時，由於聚合物的 T_g 低，分子之間的作用力弱，強度低；交聯也是增加聚合物強度的手段。

要滿足低 T_g 的要求，綜合第二章的討論，橡膠的分子應該合乎下列三類之一：

• 第一類是主鍊的鍵角大、鍵距大，即是主鍊是由矽及硫所構成的。
• 第二類是主鍊中含有大量的雙鍵，即是以雙烯（cliene）為主要單體的聚合物。
• 第三類是主鍊不規則，即是含有大量支鍊的聚合物。

在實務上，以硫為主鍊的聚合物甚少；以矽為主鍊的*矽橡膠*（silicon rubber）用於和建築相關的封隙用（sealtant），高溫絕緣、輭模、脫模（mold release）劑，以致於食品烘焙用品等，而不用於傳統的橡膠用途例如輪胎或傳送帶等。

傳統合成橡膠包含兩類：

- 一類是以雙烯為主要單體的聚合物，雙烯以丁二烯為主要，異戊二烯的量約為丁二烯的 10‰；丁二烯是合成橡膠最重要的原料。
- 第二類是分子鍊為不規則的。

　　要滿足分子鍊之間的位置要固定的要求，有兩個可能的做法：
- 一是經由交聯來達成，即是用化學鍵來固定分子鍊之間的關係。
- 另一則是：以 ∿∿ 代表具有橡膠或彈性體性質的分子鍊，或是「柔」段（soft block）；以 ▭ 代表分子間作用力強，不易變形的分子鍊，或是「硬」段（hard block）。則下列的三嵌段（triblock）分子結構 ▭∿∿▭ 即代表可以用硬段來固定柔段的相對位置的分子結構。硬段一般是在常溫下具塑膠性質的聚合物。同時可以在較高的溫度黏流，即是可以流動成型。這一類的分子結構所代表的是：可以在高溫和塑膠一樣的成型，同時在室溫呈現橡膠性的*熱可塑橡膠或彈性體*（thermoplastic rubber/elastomer, TPE(R)）。

　　對橡膠來說，由於 T_g 低，分子間的作用力弱，未交聯的橡膠如口香糖，不具實用價值，交聯之後分子量大增，成為可用的材料例如橡皮筋。

　　根據前述的討論，以下將合成橡膠區分為三類：

　　以雙烯為主要單體的，含有大量雙鍵的不飽和橡膠。

　　以分子鍊結構不規則，聚合物中僅含少量雙鍵以供交聯用的飽和橡膠，及

　　熱可塑橡膠。

❏ 3.4.1　聚雙烯類

　　表 3-5 列出含丁二烯、異戊二烯和丁二烯衍生物的合成橡膠的種類及特性。

表 3-5　聚雙烯類合成橡膠

名稱	丁二烯含量（％）	特性及用途
聚丁二烯，PB	100%	彈性極佳而耐磨性較差，是用量第二大的合成橡膠。
丁苯橡膠，SBR	66.5%，SM：23.5%	加工性好，是用量最大的通用合成橡膠。
丁腈橡膠，NBR	40～80%，AN：60～20%	由於含有 AN，分子之間的作用力強，一般稱為耐油膠，亦可長期使用於 100℃ 以上的溫度。AN 含量上升，柔性減弱而高溫和抗油性上升。
氯丁橡膠，Neoprene	以氯化丁二烯為單體	含有極性的氯，可長期用於 100℃ 以上的溫度。同時因為具有極性，黏著性佳。
聚異戊二烯，Polyis-oprene	單體為異戊二烯	性質與天然橡膠最接近。由於異戊二烯的量少而單價高，除了前蘇聯因為缺少天然橡膠而大力發展外，其他地區產量非常少。

　　天然橡膠是綜合性質最好，而且*耗失係數*（loss factor，參考第五章）最小。是用量最大的橡膠。聚異戊二烯的性質最接近天然橡膠。

❏ 3.4.2　不含雙鍵的合成橡膠

　　這類橡膠以乙丙橡膠（ethylene propylene rubber, EPR）和加入了少量雙烯的乙丙三元（ethylene-propylene-diene, EPDM）橡膠為代表。

由於不含雙鍵故而抗氧化、紫外線等性質佳，亦可用於 100℃ 以上的溫度，廣用於汽車的門窗封條等。調整乙、丙烯的比例，可以得到柔性不等的產品，提高丙烯含量有助於柔性。年用量約是合成橡膠中用量第三大的。

屬於同一類的有聚異丁烯（butyl rubber），主要用於內胎。分子量比較低的可用於防水、防漏。

□ 3.4.3　熱可塑橡膠

這一類聚合物以 SBS 為主（2.4.3 節）。同樣具有硬段和軟段而具有熱可塑性的有 TPU（thermoplastic poly urethane）；以及以聚酯為主的 polyester copolymer。

苯乙烯（SM）和丁二烯三崁段共聚合物的簡稱是 SBS，即是一段 PS 連結一段 PB 再連結上一段 PS。

在如此連結之後，PB 的 T_g 低提供了橡膠的性質，而 PS 具有下列兩個功能：

1. 在室溫時，PS 是處於 T_g 以下的玻璃態，即是提供了 PB 在伸長時的固定點，如果沒有固定點，橡膠不能回彈至原來的形體。是以 PS 在常溫提供 PB 具有回彈性的基礎。二崁段的 SB 即無回彈性。
2. 在 100℃ 以上的溫度時，PS 是可以流動的熔體，參看第五章，即是具有可塑造成型的熱可塑性（thermoplastic）。

SBS 是具有彈性及熱可塑性的*熱可塑橡膠（彈性體）*（thermoplastic rubber celastomer, TPR/E），廣泛用於休閒鞋底等用途。

如果提高 SBS 中聚丁二烯段（B 段）中的 1.2vingl 結構的比例至 50%以上，並加以氫化，則丁二烯段變成了聚丁烯（butylene）段，SBS 即成為了 SEBS，即 styrene-ethylene-butylene-styrene 嵌段共聚合物，是具有比 SBS 更佳耐熱性的熱可塑彈性體。

由於不需要交聯，具有加工上的便利性，雖然性質不如傳統橡膠，但是這一類仍是成長得最快的橡膠。

□ 3.4.4 特用及其他橡膠

未列入 6.6.2.1 至 6.6.2.3 而具有一定用途的合成橡膠有：

1. 矽橡膠（silicon rubber），這一系列聚合物包含有可用於差異性極大的環境中，可在不同的溫度交聯，以及長期用於200℃以上。從量上來說，以用於建築上的*封縫（sealant）*的量最大。

   硫橡膠亦具有和矽膠大致相同的性質，但只有一家公司生產，用量少。

2. 如果 NBR 中丁二烯的結構以 1, 2 乙烯為主，則在將雙鍵氫化之後即不含雙鍵，而 1, 2 乙烯基即是支鏈，而保存了彈性。

$$-CH_2-CH- \xrightarrow{氫化} -CH_2-CH-$$
$$\begin{array}{cc} \quad\quad\quad | & \quad\quad\quad | \\ \quad\quad\quad CH & \quad\quad\quad CH_2 \\ \quad\quad\quad \| & \quad\quad\quad | \\ \quad\quad\quad CH_2 & \quad\quad\quad CH_3 \end{array}$$

   氫化的NBR稱之為HNBR，是可以長期用於 250℃以上的橡膠，例如汽車的點火盤。

3. SBS 中丁二烯段如果 1, 2 乙烯基結構在 50%以上，則在氫化後

cis 和 trans 結構和聚乙烯相同，1, 2 乙烯基則成為如前述的丁基，所以原來的聚丁二烯段即轉變為乙烯、丁烯段，而 SBS 即轉換為 SEBS（styrene-ethylene-butylene-styrene），比 SBS 更能耐溫、耐氧化、耐紫外線，但彈性比較差，用於醫療用器材、奶嘴等。

4. 聚胺酯，PU，系列聚合物分子結構的可控制性很高，除了前述的 TPU 之外，亦可製成可交聯的橡膠，但是價格比較高；可製成黏度比較低的流體，注入模中後，在室溫交聯，具有加工方便性。

3.4.5　討論

2012 年，天然橡膠的年產量約為 9,500,000 噸，略少於合成橡膠的總量。合成橡膠中年用量超過一百萬噸的，依次為：

$$SBR > BR > EPM/EPDM > polyisoprene = TPR$$

參看表 3-5，丁二烯的共聚合物中，NBR 的另一單體為丙烯腈，其極性很強；Neoprene 的分子上有氯，極性強；是以 NBR 和 Neoprene 分子間的作用力高於 SBR，即是二者的強度和耐熱性質優於 SBR。

丁基橡膠和 EPM 基本不含雙鍵，故而其穩定性優於雙烯類橡膠。

熱可塑橡膠具有加工上的便利性，是否可完全取代其它需要交聯的橡膠？

磨損是輪胎品質的重要指標，磨損是摩擦力將橡膠從輪胎上拉下來，是以輪胎愈「強」，磨損愈少。傳統橡膠是以化學鍵將分子鍊結合在一起的，而熱可塑橡膠是以分子之間的作用力聯在一起的；前者

比後者的強度高出一個數級,故而比較耐磨。是以在若干重要的性質上,熱可塑橡膠不能取代傳統橡膠。

3.5 透明聚合物

參看第二章,結晶聚合物的透光性差,非結晶聚合物的透明度高。商業上主要的透明聚合物有 PS、PMMA 和 PC 三種。(PVC 和 SAN 也是透明的,但其用途和透光性無關,不在此討論。)其主要用途如下:

PS:其優點為黏度低,加工性好,主要用於玩具。適合用於形狀複雜但對強度要求不高的產品;或是只要求外觀有吸引力的用途。

PMMA:大宗用於戶外的招牌及商品展示裝置、小飾品等。缺點為不易用熱塑方式成型。

PC:具有極佳的抗衝擊性,用作光碟、眼鏡等光學用途,和作為透光的建築材料。

PMMA 用於戶外,用 PC 製作的光碟要長期承受雷射。即是這兩種聚合物的主分子鏈可以承受外來的光能而不斷鍊。這兩種聚合物的結構單元如下:

$$-CH_2-\underset{\underset{COOCH_3}{|}}{\overset{\overset{CH_3}{|}}{C}}- \qquad\qquad -O-\text{⟨⟩}-\underset{\underset{CH_3}{|}}{\overset{\overset{CH_3}{|}}{C}}-\text{⟨⟩}-$$

PMMA PC

PMMA 主鍊上有$-CH_3$和$-COOCH_3$兩個側基，這兩個側基對外來的光能有阻隔功能，是以其主鍊比較不易斷裂。由於 MMA 具有此一功能，需要具有耐氣候性能的聚合物中，常將 MMA 作為部份單體，例如顏色持久的塗料。

PC 主鍊上的苯環比$-C-C-$鍵穩定，同時主鍊側的兩個$-CH_3$，可以保護主鍊。

3.6　發泡用途

所有的聚合物，均可藉由混在聚合物內部氣體體積的澎漲而發泡（7.6 節）。將聚合物製成發泡產品的原因包含有：
・在發泡之後，比重減少。但強度仍符合需要，目的是減少重量。
・增絕熱或隔音的效果。

日常生活中使用最多的發泡聚合物有：
・發泡的 PS（expendable PS, EPS），即保利龍，主要用於將日用家電等產品固定在包裝箱或盒中，以保護商品在運輸過程中不受到損害；用於飲杯或食物盤的，則在安全上必需加以限制；此外用於冷凍食材的盛器等。
・聚氨酯（poly urethance, PU）類聚合物有 70%用於發泡。其中軟質的泡棉用於傢俱和運輸工具的座位；硬質的用於冰箱的隔熱等。下節將較詳細的討論 PU。
・以 EVA（ethylene vingl acetate）為主的鞋底等。為了要增加強度，EVA 常在發泡之後再加以交聯。

所有的聚合物均可發泡，PS 成為主流發泡聚合物的原因是：

- 首先，PS 是泛用塑膠，其價格合理。
- 在四類泛用塑膠中，PS 的 T_g 是最高的。即是在常溫，他的硬度高；或是說他能維持產品形狀的能力（dimension stability）很好，即使在發泡 50 至 60 倍之後，仍具有相當好保持形狀不變的能力。
- 然後，PS 的加工性好，黏度低，是以容易發泡。

3.7 熱固類聚合物

在本章中所討論到的熱塑類塑膠聚合物，其分子結構和組成基本上是完全由塑膠原料製造工廠在聚合過程中所決定，塑膠加工業者將這些原料加熱到能流動或變形後，成型為產品，其間或許添加有可以改良性質的添加劑，例如填充料、增強劑、抗老化劑、紫外線吸收劑、發泡劑，和方便加工的助劑之外，聚合物的分子組成和結構在加工過程中變化不大。這些聚合物稱之為**熱可塑類**（thermoplastic），即是在加熱之後具有可被塑造成型的性質，在加工成型的過程中化學結構基本上不改變。

本節中所要討論的**熱固類**（thermosetting）聚合物，是在受熱之後會**固化**（curing）定形的聚合物。所謂的固化是指在分子鏈之間用化學鍵的**交聯**（crosslink）；在固化之後，聚合物具有網狀結構，而分子量也大幅增長，成為不溶於溶劑，而且不能熔成流體（分解溫度低於分子可以流動的溫度）的材料。由於網狀的鏈結構和極高的分子

量，熱固類聚合物的強度一般均遠高於熱塑類塑膠，其耐溫性質優於一般的泛用和工程塑膠，但不及若干高溫塑膠如PI或PPS。前節中所討論的合成橡膠是熱固類聚合物，它具有塑膠不具備的、而又是必需的性質。即是熱固類聚合物能存在於市場的原因，是這些聚合物具備有不同的性質。

和金屬等其他材料相比較，

- 在作為結構材料時，熱固類聚合物會和纖維作成*複合材料*（composite），一般通稱為*FRP*（fiber reinforced plastic）。所用的纖維以玻璃纖維和碳纖維為主要。玻璃纖維FRP的比重低於2，碳纖維在1.2左右，均遠低於金屬的比重。即是由熱固類聚合物所組成的FRP材料，其〔強度／重量〕比遠大於金屬材料，是輕而強的結構材料，適用於航空等用途。FRP是非金屬，是電絕緣體、不干擾電波，不具磁性，這是金屬材料不具有的性質。
- 熱固類聚合物的成型週期比金屬長，但是模具（tooling）費用低，可做出形狀複雜的產品。適於生產形狀複雜、量不大的產品。在第六章中有更詳細的說明。

基本上：

1. 熱固類樹脂均以低分子量的*預聚物*（prepolymer）型態供應給加工業者，由加工業者在成型時完成固化。
2. 固化的條件和過程基本上是控制在加工業者的手中，即是和熱塑類聚合物相比較，加工業者對成品的品質更具決定性。
3. 固化是化學交聯反應，其間涉及到熱傳等問題，需要一定的時間，是以熱固類聚合物加工所需要的時間比熱塑類聚合物要長很多。

即使是看似簡單的*混摻*（compounding）步驟，對產品品質的影響極大。原料和配方基本上是相同的輪胎，混摻均勻的產品，其性質亦均勻，可使用的壽命，比混摻做得不好、品質不均勻的壽命，高出數倍。按：性質不均勻的產品，必有較弱的部份存在，弱的部份在耗失之後會導致強的部份加速耗失。

熱固類聚合物配方（formulation）的變化很多。不同的配方所得到的產品性質和交聯硬化條件均不相同。目前主要的熱固類聚合物有不飽和聚酯（unsaturated polyester）環氧（epoxy）和聚氨酯（poly ur-ethane, PU）三類。其中不飽和聚酯相對最不複雜，在後文中將比較詳細的說明可能的配方變化，以彰顯熱固類聚合物的多變性。

□ 3.7.1 不飽和聚酯

不飽和聚酯樹酯的生產商，生產預聚物（prepolymer）：

$$〔飽和二元酸+不飽和二元酯〕+二元醇$$

（A）　　　　　　（B）　　　　（C）

聚合至分子量為 2 至 4,000

↓ +加成聚合的單體（D）

←── 預聚物

加工業者將預聚物與：

起始劑（催化劑）、填充料、色料等混摻在一起，然後成型硬化為產品。

在預聚物部份，A、B、C 和 D 有下列會影響到產品性質的可能組合和變化：

- (B)提供可交聯的雙鍵，(A)和(B)的比例，影響到預聚物中雙鍵的數量，或是可交聯點的密度。(B)一般用順丁酐。
- (D)的加入量。要配合(A)和(B)的比例，即可交聯點的數量。(D)一般是用苯乙烯或其它可用於加或聚合的單體，例如改用 MMA，即可增加產品的抗紫外線性能。
- (A)和(C)可以是官能基不對稱的，也可以用官能基對稱的，即是預聚物可以是線型或非線型的。例如

  (C)一般用丙二醇，如改用官能基對稱的丁二醇，即可改變分子鍊的規則性和韌性。

在加工業者部份：
- 起始劑決定交聯硬化的條件（溫度）。
- 混摻和交聯硬化的過程決定產品的品質。
是以「不飽和聚酯」涵蓋了一類性質差異相當大的聚合物。

不飽和聚酯與玻璃纖維組合而成的 FRP 用於：
- 汽車的車體，例如中、低價位的跑車等。即是量不是太大的結構材料。
- 雷達的保護層，及支撐通信天線。原因是 FRP 不干擾電波。
- 船支、大型管路等大型產品，主要原因是模具費用低，加工設備遠比金屬的加工設備簡單、便宜。

3.7.2 環氧樹酯

　　環氧樹酯是指所有含有環氧（epoxy）基團，$-\overset{\displaystyle O}{CH}-CH_2$，的聚合物，而以雙酚和環氧氯丙烷（epichlorohydrin）的聚合物為主：

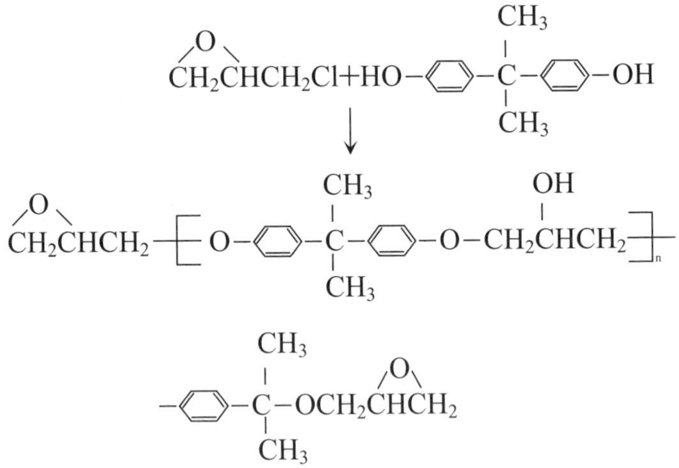

　　樹酯合成廠商提供的產品，n＝0 至 12，一般低於 2。

　　加工業者取得基本樹酯後，加入硬化交聯劑（curing agent）、填充料和加強料、再交聯成型。

　　硬化交聯劑包含下列四大類：

・四級胺（tertiary amine）

・多官能胺（polyfunction amine）

・酐類（anhydrides），及

・聚合催化劑（polymerization catalgst）。

不同類交聯硬化劑所得到的終端聚合物的分子結構不同，交聯硬化的條件亦不同。同類但分子結構不同的交聯硬化劑，其交聯硬化條件不同，所得到終端聚合物的分子結構亦有小幅度的差異。

環氧樹酯具有很好的電絕緣性，以及黏著力，它的用途多和這兩種用途相關：

- 作為建築上的補強材料和塗料。
- 其與玻璃纖維構成的 FRP 用作印刷電路板，加入填充料作為 IC 封裝材料。
- 和碳纖維構成的 FRP 用作航空器材的結構，以及運動器具。

❑ 3.7.3　聚胺酯

聚胺酯，PU，泛指結構中含有氨酯基，$-\overset{\overset{\text{H}}{|}}{\text{N}}-\overset{\overset{\text{O}}{\|}}{\text{C}}-\text{O}-$ 的聚合物。氨酯來自：

含−NCO 基的化合物，稱之為 isocyanate，與含−OH 基化合物稱之為 poly−ol 的反應。

常用的 isocyanate 包含有：

2, 4, TDI　　　　2, 6 TDI　　　　　　　MDI

OCN−(CH₂)₆−NCO
HDI

NDI

常用到的 polyol 包含有：

聚醚系列（polyether polyols, PEP），

聚酯系列（polyester polyols, PESP），及

聚異丁烯醇系列（polyisobatzlene glycol）

在這兩類基本成份之外，聚合物系統中必需含有：

· 擴鍊劑（chain extender）和

· 催化劑（catalyst）。

是以在所有的聚合物系統中，PU 是複雜性極高、可變性極廣、產品性質差異性極大。其主要用途包含有：

· 發泡，包含作為傢俱、座椅用的軟質泡棉，和硬質的保溫材料。

· 人造皮。

· 熱固類及熱塑類的橡膠。

· 彈性纖維。

· 塗料和黏著劑。

□ 3.7.4 矽聚合物

如表 2-1，$-Si-O-$ 的鍵距和鍵角均大，所形成聚合物的 T_g 在 $-120°C$ 左右，是好的橡膠或彈性體材料。聚合物的基本結構是：

$$-\underset{\underset{CH_3}{|}}{\overset{\overset{CH_3}{|}}{Si}}-O\left[\underset{\underset{CH_3}{|}}{\overset{\overset{CH_3}{|}}{Si}}-O\right]_n$$

是很穩定的結構，$-CH_3$ 上的氫可被不同的基團取代。

矽聚合物的 T_g 低，穩定性高，低溶解指數 δ，和低表面張力，可使用溫度範圍為 -100 至 $300℃$。主要用途包含：

- 其室溫交聯（room temperature uulcanization, RTV）系列，廣泛用於建築上的封隙（sealant），以及模子。
- 用作 $250℃$ 左的電絕緣，以至於烘焙用品。
- 低溫橡膠。
- 脫模劑（mold release）

3.7.5　其他熱固類聚合物

酚、尿素和三聚氰胺均可和甲醛形成聚合物。其中酚樹酯曾是最早商業化的聚合物，其用途現已被其它聚合物取代，目前主要用作三夾板和翻砂模的黏著劑。尿膠（urea glue）用作三夾板黏著劑。三聚晴氨用作傢俱面板及食器。

3.7.6　結語

如在本節首所敘，熱固類聚合物的加工業者，和熱塑類聚合物的加工者業者不同，需要對聚合物的性質、配方、和加工過程有深入的瞭解。同時熱固類聚合物系統的可變性高，也提供加工業者更多的發揮空間。

3.8　黏著劑和塗料

實用的黏著劑和塗料都是所謂的*配方（formulated）產品*，即是由不同化學品混合在一起的。每一成分各具一定的功能；但是其主成分

或*載體*（vehicle）均為聚合物。在此僅與對組成黏著劑和塗料的聚合物作介紹性的討論，而不涉及其配方原則和各添加物的種類和特性。

🗆 3.8.1 黏著劑

用作為黏著劑和聚合物必需具備下列條件：

1. 能潤濕被黏著物的表面。
2. 具有一定的彈性，即是黏著點或面必需能承受一定的變型，而不斷裂。
3. 黏合點需具備合乎需要的強度。

為了滿足上列要求，經常需要對所使用的聚合物加以修改，或是在配方中加入其他的物質和補救或加強。例如：

1. 對第 1 項，常採用支鏈多的聚合物，比如冷聚（聚合溫度在 15°C 以下）的 SBR 用於輪胎，而熱聚（～60°C）多支鍊的 SBR 用於黏著劑。
   同時在配方中加入賦黏劑（tackifier）和助塑劑等。
2. 對第 2 項，剛性強的黏著劑，例如環氧或酚樹脂中，常接枝上柔性的成分。
3. 為了加強黏著的強度，固熱類黏著劑（結構黏著劑）通常在塗佈後再交聯。

黏著劑可粗分為一般用途和*結構*（structure）用途兩大類。

結構用一般是以熱固類聚合物為主，其原因可以參看第四章的式（4-25）來說明。目前結構用聚合物以環氧（epoxy）系列為主，酚系次之。二者可能的結構變化極多，不在此詳述。

一般通用黏著劑，基本上是以傳統的橡膠或彈性體類聚合物為主，包括用於**熱熔膠**（hot melt adhesive, HMA）的熱可塑彈性體在內。而丙烯酸酯（acrylate）系列在近年來特別受到重視。其原因是此一系列可用的單體非常多，而且性質各異，在共聚之後可以得性質不同，包括可交聯的聚合物。表 3-6 列出其主要單體、共聚用單體及功能性單體。

表 3-6　丙烯酸酯系列的主要單體、共聚單體及功能性單體

名稱	單體分子式	聚合物 T_g(℃)	聚合物表面張力(mN/m)	備註
主單體				
乙基壓克力，ethyl acrylate	$CH_2=CH$ 　　$COOC_2H_5$	−22	37	略硬
丁基壓克力，butyl acrylate	$CH_2=CH$ 　　$COOC_4H_9$	−55	33.7	強黏著力
2-乙基己基壓克力，2-ethyl hexyl acrylate	$CH_2=CH$ 　　$COOCH_2CHC_4H_9$	−70	30.2	強黏著力，略軟
共單體				
丙烯醯胺，acrylamide	$CH_2=CHC-NH_2$ (含羰基 O)	165	N. A.	增加內聚力
甲基丙烯酸甲酯，MMA	$CH_2=C$ (含 CH_3) 　　$COOCH_3$	105	41.1	可增加內聚力，脆
丙烯腈，acrylonitrile	$CH_2=CH$ 　　CN	108	50	增加內聚力
苯乙烯，styrene	$CH_2=CH$ (含苯環)	100	40.7	可增加內聚力，脆

表 3-6　丙烯酸酯系列的主要單體、共聚單體及功能性單體（續）

名稱	單體分子式	聚合物 $T_g(℃)$	聚合物表面張力(mN/m)	備註
醋酸乙烯，vinyl acetate	$CH_2=CH$ $OOCCH_3$	30	36.3	可增加內聚力及親水性（提高表面張力）
丙烯酸甲酯，methyl acrylate	$CH_2=CH$ $COOCH_3$	8	41.1	增加親水性（提高表面張力）
功能性單體				
甲基丙烯酸，methacrylic acid	$CH_2=C$ CH_3 $COOH$	NA	NA	增加黏著力
丙烯酸，acrylic acid	$CH_2=CH$ $COOH$	NA	NA	增加黏著力
衣康酸，etaconic acid	$CH_2=C-COOH$ CH_2COOH	NA	NA	具交聯功能
DAEM	$CH_2=C-COOCH_2CH_2N-CH_3$ CH_3 　　　　 CH_3	NA	NA	具乳化功能
N-MAN	$CH_2=C-C-N-OH$ H O CH_3	NA	NA	具交聯功能
TMPT	$CH_3CH_2C(CH_2OCOCH=CH_2)_3$	NA	NA	具交聯功能

　　從表 3-6 中可以看出，在丙烯酸酯系列中：可以選擇不同的主單體，配合上不同的共單體和功能性單體，聚合成：

　　1. 黏性不同。

2.黏著強度不同。

3.可交聯以達到更高內聚力（黏著強度更高）。

4.親水性不同。

等的各種黏著劑。丙烯酸酯系列是目前在一般用途黏著劑中用途最廣、可發展性極高的系列。

同時從表 3-6 可以大略看出 T_g 和表面張力之間有共同的走向。

□ 3.8.2　塗料

　　塗料（coating）是為了美觀和保護而塗佈在固體外部的一種混合物材料，在傳統上是用桐油和漆，故稱之為油漆；桐油是含有二個共軛雙鍵的不飽和脂肪酸酯，在空氣中可藉氧而交聯成大分子量的聚合物；漆則是第三位取代之鄰苯二酚，取代基一般是 C_{16} 和 C_{17} 的長鏈烯烴，亦可在空氣中氧化而形成大分子。可以理解到油漆或塗料是一種可塗佈在某種表面上而形成膜的聚合物。在塗佈的時候是流體，在塗佈之後交聯成固態的大分子。除了要能和被塗佈的表面黏合之外，塗料需要：

1. 可塗佈性，即是可以用刷子或噴槍將塗料均勻分佈到被塗面上去。一般是：

(1)將分子量大的聚合物溶解在溶劑中，或形成水的乳液。近年來由於環保的要求，含溶劑的塗料日益減少，而「水」性塗料，即是乳膠塗料的量則日益增加。同時*粉末塗佈*（powder coating），即是利用靜電將聚合物的粉末分散在被塗體的表面，也益形重要。

(2)熱固類聚合物則是以分子量較小的*預聚物*（prepolymer）型態
塗佈，然後再利用熱、紅外線、紫外線等使它交聯固化成大分
子，此即是一般所謂的「烤」漆。

2. 成膜性，即是在揮發去溶劑、水分之後，或是塗料在固化之後，
必需是一層具有相當硬度的膜。故而除了隔音用的塗料之外，彈
性體一般不是塗料的主成分；但是和黏著劑相同，塗料用的聚合
物不能太脆。

3. 塗料中一般含有大量的填充料。完全不含、或僅含少量染料的塗
料稱之為*清漆*（varnish）。填充料的最基本功能是提供*遮蓋力*
（covering power）和美觀。但是可以使用具有特殊性質的填充料
來製造具有特殊功能，例如防火、防靜電、磁性以至於隱形、變
色等塗料。例如錄音、影用的磁帶即是將具有永磁性的 α-Fe$_2$O$_3$
作為填充料塗佈在聚酯（PET）膜上。

4. 塗料的基本功能除了美觀之外，即是保護。其對不同環境的保護
功能，是由作為基材的聚合物所提供。是以保護性的塗料，例如
防酸、鹼，必需要慎選基材。

用作為塗料基本載體的主要聚合物有：

1. 醋酸乙烯和氯乙烯所形成的共聚合物以及聚醋酸乙烯，這是用作
一般建築用塗料的、用量最大的聚合物。

2. 參看表 3-6，丙烯酸酯系列聚合物，性質的可調整性極大，同時
此一系列聚合物的耐氣候性，即是抗 UV 臭氧性，極佳。其乳膠
（水性）類是用作綜合性質比較好的建築塗料，其熱固類用作汽
車的外漆。

3. 聚氨酯，PU，系列是性質的可調整性非常廣的聚合物，是近年來發展得非常快的塗料用聚合物。

4. 環氧，Epoxy，系列聚合物性質的可調整性亦高，用作為不同場合塗料，包含無塵室用的塗料。

5. 不飽和聚酯和醇酸（alkyd）類聚合物，醇酸相當於是油（脂肪酸）來改性（modified）的聚酯，是傳統「烤」漆用的基材。

6. 改性酚樹脂，和三聚氰胺樹脂，是傳統用於「烤」漆的基材。和黏著劑相同，生產塗料的工廠，多半是自行聚合所需要的聚合物。

複習

將本章中所列出聚合物各用途對材料的要求，分門別類的詳細列出。

討論

1. (A) 線型和非線型碳鍊聚合物的主要用途是什麼？

   (B) 線型和非線型雜鍊聚合物的主要用途是什麼？

2. 如果你是一個大型研究所的總規劃人，請討論：

   (1) 研發市場需求量大、多功能的、新聚合物的優點和缺點，並列出技術上、和商業上所要克服的問題。

   (2) 研發特對某一特殊用途所需要的聚合物的優點和缺點；並列出技術上和商業上需要克服的問題。

   (3) 綜合(1)和(2)，你會如何選擇研究方向？

3. 本章對熱固類聚合物，以及黏著劑和塗料，用了比較多的篇幅，原因是作者認為這些領域有寬闊的發揮空間，請評論。

Chapter 4
分子結構與相容性

在討論過高分子材料的分子結構和性質之後，即將在本章中討論高分子材料和其他物質之間的**相容性**（compatibility），即是某一種材料是否能和其他物質形成均勻（homogeneous）的組合。內容包含高分子聚合物在溶劑中的溶解過程及其與聚合物分子結構之間的關係、聚合物溶液的黏度以及聚合物分子量的測定、介面現象、及不同聚合物之間的相容性。

4.1　聚合物的溶解和稀溶液

4.1.1　溶解過程

聚合物溶解在溶劑中的過程如下：

1. 溶劑的分子滲透到聚合物的分子鏈之間。
2. 由於溶劑的分子的存在，拉大了聚合物分子之間的距離，減低了聚合物分子之間的作用力，更有利於溶劑分子滲入聚合物分子鏈之間。
3. 當足夠的溶劑分子滲入到聚合物之中以後，聚合物分子鏈距離大到以至於分子鏈之間的分子作用力變得極弱，而分散在溶劑之中，形成均勻的溶液。

交聯聚合物，例如橡膠，由於分子鏈之間有化學鍵連結而形成非常大的分子。在有溶劑分子滲透到聚合物分子鏈之間的情況下，只會

因溶劑分子的存在而體積變大，而不會形成溶液，交聯聚合物因溶劑分子的滲入而體積變大的現象稱之為*膨潤*（swelling）。

　　結晶聚合物由於分子之間的距離短，溶劑分子不能滲進到聚合物的分子鏈中。是以高度結晶的結晶聚合物要在 T_m 左右才能溶解在一般溶劑中。例外的情形是聚合物分子與溶劑分子之間能形成氫鍵，例如尼龍 6/6 可在室溫溶解於 HFIP 中。

　　非結晶聚合物容易溶解，結晶聚合物不易溶解，在應用上有如下的差別：

- 由於結晶聚合物，例如 PE 和 PP，不易溶解，即是具有耐「油」（有機化合物）性。故而可以用在會與潤滑油、汽油等接觸的地方，亦可用作有機溶劑的盛器，以至於實驗室中的燒杯、量筒等。
- 非結晶聚合物，例如 PVC 和 PS 系列，易溶於溶劑，也就是具有易於黏接的性質。PVC 大量用於建材，即與此一性質有極大的關係。當對 PVC 的安全性有疑慮時，美國用 ABS 管取代，ABS 是非結晶聚合物，亦易於接著。PE 和 PP 管的物性優良，但普及率遠不及 PVC 或 ABS 管，不溶於溶劑，聯結的要求高一點，不方便一點，這是最主要的原因。

4.1.2　稀溶液、良溶劑、貧溶劑和 θ 狀態

　　將聚合物溶液的濃度 C 對黏度 η，作圖如圖 4-1，可以看出在 $C \geq C^*$ 時，黏度增加得比較快。C^* 稱之為*臨界濃度*（critical concentration），它不是一個特別明顯的臨界點。參看圖 4-2，當 $C < C^*$ 的時候，溶液中的分子鏈單獨存在，而不相糾纏；在 $C > C^*$ 時，分子鏈開

始糾纏在一起，增加了流動的阻力，或是說黏度上升得比較快；C^*代表分子由單獨存在，變成相互穿插交疊的一個臨界點。

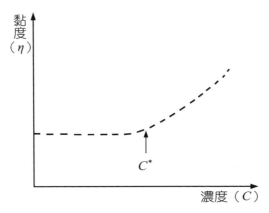

圖 4-1　聚合物溶液濃度 vs 黏度

$C < C^*$　　　　　$C = C^*$　　　　　$C > C^*$

圓圈代表所占有的體積

圖 4-2　聚合物分子鏈在不同濃度的溶液中的型態

當 $C < C^*$ 時，稱之為*稀溶液*（dilute solution），一般小於 1%的重量濃度。在稀溶液區，分子鏈的型態和與溶劑之間的相互作用等，都僅只和聚合物的分子量、溶劑的性質和溫度有關，而和濃度呈線型關係，是研究聚合物材料性質比較方便的濃度區。

$C > C^*$的濃度區稱之為*亞濃溶液*（semidilute）區，亞濃溶液的性質，有別於*濃*（concentrate）*溶液*。

假定將溶液中分子之間的作用力區分為：

F_1：聚合物分子與聚合物分子之間的作用力。

F_2：聚合物分子與溶劑分子之間的作用力。

當$F_2 > F_1$時，聚合物的分子鏈在溶液中更為舒展，其所占有的體積（圖4-2中的圓圈）更大，是以在同一濃度時流動的阻力大，或是黏度增高。$F_2 > F_1$時的溶劑稱之為*良溶劑*（good solvent）。

當$F_1 > F_2$時，在溶液中的聚合物分子鏈趨向於自集在一起，或是所占有的空間（圖4-2中的圓圈）縮小，在同一濃度時流動的阻力減少，或是黏度減少。$F_1 > F_2$時的溶劑，稱之為*貧溶劑*（poor solvent）。

$F_1 = F_2$時，表示聚合物分子鏈在溶液中不受溶劑存在的影響，而以原形態呈現，故而是研究分子鏈型態等的理想情況，稱之為*θ狀態*（θ condition）。這是在自然情況下極不常見的情況。但是可以人為的調整一些條件，例如溫度，來達到θ狀態，*θ溫度*（θ temperature）是指使溶液呈現θ狀態時的溫度。

從應用的觀點，聚合物容易溶解於良溶劑中，而和貧溶劑所形成溶液的黏度比較低，工業界常在用不同的溶劑來調節溶液的黏度。

❏ 4.1.3　溶解參數

在熱力學（thermodynamics）上，Gibbs *混合自由能*（Gibbs mixing free energy）的定義是：

$$\Delta\mu_m = \Delta H_m - T\Delta S_m \tag{4-1}$$

式中：$\mu = $ Gibbs 自由能；

　　　$\Delta H = $ 混合熱，（enthalpy of mixing）。放熱為（－），吸熱為（＋）；

　　　$S = $ 熵，entropy；

　　　$T = $ 絕對溫度；

　　　m 代表混合（mixing）；

　　　Δ 代表混合前後之差。

當　　$\Delta\mu_m \leq 0$ 時，溶解可以發生。

　　　$\Delta\mu_m$ 的負值愈大，則愈有利於溶解。

　　　$\Delta\mu_m = 0$ 時即為 θ 狀態。

審視式（4-1）：

　　$T\Delta S_m$ 項中，T 恆為（＋），而當聚合物溶解在溶劑中時，其聚合物與溶劑之分子排列趨向於更多樣，ΔS 恆為（＋），是以 $T\Delta S_m$ 亦恆為（＋）。$\Delta\mu_m < 0$ 的必要條件是：・ΔH 為（－），・如 ΔH 為（＋），其值要小於 $T\Delta S$。

　　ΔH_m 在聚合物分子與溶劑分子之間有交互作用時，例如可以發生氫鍵或是極性聚合物分子與極性溶劑分子之間的作用，會產生熱量，即是 ΔH_m 為（－）值。在這種情況下，$\Delta\mu_m$ 一定為（－）值，溶解會發生。當聚合物分子和溶劑分子之間的作用力以 dispersion force 為主而沒有其他的交互作用時，ΔH_m 的值將由聚合物和溶劑的溶解參數來決定。而溶解過程是否能進行取決於 ΔH_m 和 $T\Delta S_m$ 兩項的差異。

Hildebrand 對*常規溶液*（regular solution，在形成溶液的過程中沒有體積和 excess entropy 的變化）導出如下的結果：

$$\Delta H_m = V\phi_1\phi_2\left[\left(\frac{\Delta E_1}{v_1}\right)^{\frac{1}{2}} - \left(\frac{\Delta E_2}{v_2}\right)^{\frac{1}{2}}\right]^2 \qquad (4\text{-}2)$$

式中：V = 溶液的總體積；

　　　ϕ_1, ϕ_2：溶劑和聚合物的體積分率；

　　　$\Delta E_1, \Delta E_2$：溶劑和聚合物的內聚能（cohesive energy）；

　　　v_1, v_2：溶劑和聚合物的莫耳體積（molar volume，體積／莫耳）。

令：

$$\delta_1 = \left(\frac{\Delta E_1}{v_1}\right)^{\frac{1}{2}} \qquad (4\text{-}3)$$

　　= 〔溶劑的內聚能密度（cohesive energy density）〕$^{\frac{1}{2}}$

　　= 溶劑的溶解參數

$$\delta_2 = \left(\frac{\Delta E_2}{v_2}\right)^{\frac{1}{2}} \qquad (4\text{-}4)$$

　　= 聚合物的溶解參數

將式（3-3）和式（3-4）代入式（3-2）中

$$\Delta H_m = V\phi_1\phi_2(\delta_1 - \delta_2)^2 \qquad (4\text{-}5)$$

此式中之ΔH_m恆為正值是以δ_1和δ_2的差異愈小，ΔH_m愈小，$\Delta \mu_m < 0$的可能性愈大，而溶解過程亦愈容易發生。

對分子量低的化合物來說，ΔE即是氣化熱，或者是維持物質為液態時所需要的分子間作用力。聚合物不會氣化，測量不到氣化熱；其溶解參數δ是用不同已知δ的溶劑去測試某一聚合物在該溶劑中的溶解現象。如果聚合物能在該溶劑中溶解，而且在溶解過程中觀察不到體積和熱的變化，即以該溶劑的δ作為聚合物的δ。

表4-1是若干常用溶劑的δ值。表4-2是若干常見聚合物的δ值。δ的單位有$(J/cm^3)^{1/2}$和$(cal/cm^3)^{1/2}$兩種，前者是後者的2.03倍。

表4-1　若干常用溶劑的溶解參數

溶劑	$\delta(J/cm^3)^{1/2}$	溶劑	$\delta(J/cm^3)^{1/2}$
二異丙醚	14.2	環己酮	20.1
正戊烷	14.3	四氫呋喃	20.1
異戊烷	14.3	丙酮	20.3
正己烷	14.6	二硫化碳	20.3
正庚烷	15.1	硝基苯	20.3
二乙醚	15.1	四氯乙烯	21.1
正辛烷	15.2	丙烯腈	21.2
環己烷	16.7	吡啶	21.7
甲基丙烯酸丁酯	16.7	苯胺	21.8
氯乙烷	17.3	環己醇	23.1
乙酸丁酯	17.4	正丁醇	23.1
四氯化碳	17.5	異丁醇	23.8
苯乙烯	17.6	正丙醇	24.2
甲基丙烯酸甲酯	17.6	乙腈	24.2
對二甲苯	17.8	二甲基甲醯胺	24.6
間二甲苯	17.9	乙醇	25.8

表 4-1　若干常用溶劑的溶解參數（續）

溶劑	$\delta(\text{J/cm}^3)^{1/2}$	溶劑	$\delta(\text{J/cm}^3)^{1/2}$
乙苯	17.9	甲酸	27.4
甲苯	18.1	苯酚	29.4
丙烯酸甲酯	18.1	甲醇	29.4
鄰二甲苯	18.3	二甲基碸	29.6
乙酸乙酯	18.5	乙三醇	31.9
1.1 二氯乙烷	18.5	丙三醇	33.5
苯	18.6	甲醯胺	36.1
三氯甲烷	18.8	水	47
丁酮	18.8		
氯苯	19.3		
二氯甲烷	19.3		
乙醛	19.9		
萘	20.1		

表 4-2　若干常見聚合物的溶解參數

聚合物	$\delta(\text{J/cm}^3)^{1/2}$	備註
聚四氯乙烯，teflon	12.7	高度結晶聚合物，塑膠
聚二甲基矽氧烷，silcon rubber	14.9	柔性及耐低溫性最好的合成橡膠
聚三氟氯乙烯，teflon rubber	14.7～16.2	非結晶聚合物，橡膠
聚乙烯，PE	16.4	高度結晶聚合物，塑膠
氯丁橡膠，neoprene	16.8～18.8	合成橡膠
丁苯橡膠，SBR	16.6～17.6	苯乙烯：丁二烯＝25～29：72～75
聚異戊二烯，neoprene	17.0	合成橡膠
聚丁二烯，PB 或 BR	17.4	合成橡膠
聚異丁烯，butyl rubber	17.2	合成橡膠
聚甲基丙烯酸乙酯	18.3	一般用作黏著劑

表4-2　若干常見聚合物的溶解參數（續）

聚合物	$\delta\,(\mathrm{J/cm^3})^{1/2}$	備註
聚苯乙烯，PS	18.5	塑膠
聚丙烯酸丁酯	18.5	黏著劑
聚甲基丙烯酸甲酯，PMMA	18.5	塑膠
丁腈橡膠，NBR	18.9～20.3	丁二烯：丙烯腈＝70～75：25～30
聚 2,6 二甲基苯撐氧，PPO	19.0	工程塑膠，結晶聚合物
聚丙烯，PP	19.0	結晶聚合物，塑膠
聚丙烯酸乙酯	19.2	黏著劑
聚氯乙烯，PVC	20.0	塑膠
聚碳酸酯，PC	20.3	工程塑膠
聚碸，poly suflone	20.3	高強度、耐溫的工程塑膠
聚偏氯乙烯，PVDC	20.3～25	柔性塑膠
聚丙烯酸甲酯	20.7	黏著劑
聚甲醛，POM	20.9	工程塑膠，結晶聚合物
聚醋酸乙烯，PVAC	21.7	黏著劑
聚對苯二甲酸乙二醇酯，PET	21.9	人纖，結晶聚合物
尼龍 6，Nylon 6	22.5	人纖，結晶聚合物
聚丙烯腈，PAN	26.0	人纖，結晶聚合物
尼龍 6/6，Nylon 6/6	27.8	人纖，結晶聚合物

從表4-2中可以看出：

1. δ 代表分子之間作用力的大小，依照 δ 的大小，聚合物的終端主用途，大致上是依照分子之間作用力的增加，而由橡膠至塑膠和黏著劑，至工程塑膠和人纖。

2. 能否形成結晶，是影響終端用途主要的因素。在前文中提到過，結晶聚合物在 T_m 以下非常不容易溶解（從另外一個角度來說，即是抗化學品侵蝕的能力強）。在討論結晶聚合物在常溫（低於 T_m

的溫度）溶解時，δ 沒有實質上的意義。

3.分子之間的作用力，和聚合物分子鏈的柔性（T_g）同向變化。

　如果找不到某一聚合物的溶解參數，可以從分子結構來估算溶解參數。例如：

$$\delta = \rho \frac{\Sigma F_i}{M} \tag{4-6}$$

式中：δ：聚合物的溶解參數，$(\text{J/cm}^3)^{1/2}$；

　　　ρ：聚合的比重，g/cm^3；

　　　M：聚合物中重複單元的分子量，g/mol；

　　　ρ/m：聚合物的莫耳體積，cm^3/mol；

　　　F_i：聚合物重複單元中各基團的莫耳吸引力常數。

F_i 的數值如表 4－3。

式（4-6）和表 3－3 的應用如下例：

甲基丙烯酸甲酯（PMMA）的結構單元是：

表 4-3　聚合物中各基團的莫耳吸引力常數

基團	$F/(\text{J/cm}^3)^{1/2}$莫耳	基團	$F/(\text{J/cm}^3)^{1/2}$莫耳
$-\text{NCO}$	733	$-\text{NH}-$	368
$-\text{CN}$	725	$-\text{O}-$，環氧化物	360
$\begin{array}{c}\text{O}\\ \parallel \\ -\text{C}-\text{O}-\end{array}$	668	芳香族 OH	350

表4−3　聚合物中各基團的莫耳吸引力常數（續）

基團	$F/(\mathrm{J/cm^3})^{1/2}$莫耳	基團	$F/(\mathrm{J/cm^3})^{1/2}$莫耳
−CHO	599	芳香族 Cl	329
＞C＝O	538	−CH$_3$	303
−Br	528	−CH$_2$−	269
−NH$_2$	463	−CH＝芳香族	249
−S−	429	−O−醚	235
−Cl 仲	425	＞C−H	176
−Cl 佰	419	＞C＝芳香族	173
		−F	84
		−C−	65

結構		結構	
共軛	47	反式	−28
間位取代	−13	六元環	−48
順式	−14	對位取代	−82
鄰位取代	−19		

$$
\begin{array}{c}
\mathrm{CH_3} \\
| \\
-\mathrm{CH_2-C-} \\
| \\
\mathrm{COOCH_3}
\end{array}
$$

其中包含的基團和 F 如下：

−CH$_2$−	1 個	$F=269$
−CH$_3$	2 個	$F=2\times303=606$
−C−	1 個	$F=65$
−COO−	1 個	$F=668$
		$\overline{}$
		$\Sigma F=1608$

結構單元的分子量 M＝100.1

$$密度 \rho＝1.19$$

代入式（4-6）：

$$\delta = \frac{(1608) \times 1.19}{100.1}$$
$$= 19.12$$

　　表 4−2 中 PMMA 的 δ＝18.5，二者的差異不大。是以物質的性質是由分子結構來決定的。式（4-6）是 1950 年代所建立的，今日估算的精確度高很多，計算的方法亦複雜很多。

　　同時，表（4-3）中不同基團莫摩吸引力常數大小的排序，和表（2-4）極性的排序相同。

　　式（4-2）至式（4-5）是基於常規溶液的假定上，即是溶質和溶劑之間沒有交互作用。在實務上並非完全如此。例如：PVC 和 PC 的 δ 分別為 20.2 和 20.3，環己酮和二氯甲烷的 δ 分別為 19.0 和 19.9，PVC 溶於環己酮，不溶於二氯甲烷，PC 溶於二氯甲烷而不溶於環己酮。

　　原因是 PVC 有吸電子基團，環己酮有斥電子基團，二者形成氫鍵：

$$Cl-\overset{\delta^-}{\underset{}{C}}-\overset{\delta^+}{H}\cdots\cdots\overset{\delta^-}{O}=$$

PC有斥電子基團，二氯甲烷有吸電子基團，二者形成氫鍵：

$$-O-C\overset{O}{\underset{O}{\diagup}}O^{\delta^-}\cdots\cdots\overset{\delta^+}{H}-\overset{\overset{H}{|}}{\underset{\underset{Cl}{|}}{C}}-Cl$$

是以對極性聚合物，在選擇溶劑時也需要考慮溶劑的極性，和能否形成氫鍵等因素。

❑ 4.1.4 溶解度與聚合物的聚合度

同一聚合物，低分子量低的容易溶解，溶解的條件，例如溶劑的溶解參數、溫度等，比較寬；而分子量高的則溶解慢，溶解的條件比較苛。此一現象可以自*相圖*（phase diagram）和熱力學上來解釋。

簡單化的說明是：從理論上可以得到：

$$\Delta\mu_m = RT\left[\ln(1-\phi)+(1-\frac{1}{DP}\phi)+\chi\phi^2\right] \tag{4-7}$$

式中：R：氣體常數；

T：絕對溫度；

ϕ：聚合物在溶液中的體積分率；

DP：聚合物的聚合度。

χ：聚合物分子在溶液中與溶劑交互作用的參數。

將$\Delta\mu_m$對ϕ微分二次，令二次微分等於零，可得

$$\phi_{critical} = \frac{1}{1 + DP^{\frac{1}{2}}} \qquad (4-8)$$

$=$ 聚合物在溶液中的臨界體積分率，超過此一臨界
值，聚合物即不溶解

是以 DP（分子量）增加，聚合物在溶液中的臨界體積下降，溶解度下降。

在實務上，可利用此一現象來對聚合物依分子量不同來分級。即是在聚合物溶液中加入與溶劑相容，但是和聚合物不相容的第二溶劑（或稱之為沉澱劑），則分子量高的聚合物先沉澱；隨著第二溶劑量的增加，分子量比較低的聚合物依次沉澱。

4.1.5　助塑劑──相容性應用之一例

聚合物溶液通常用於黏著劑和塗料。其比較不明顯、但是非常重要的用途是利用分子量比較低的分子混入到聚合物中降低 T_g，而形成柔性強的材料。例如用於 PVC 的*助塑劑*（plasticizer）。使用助塑劑最成功的是 PVC。

要增加 PVC 的柔性，助塑劑應為柔性的長碳鏈。PVC 為極性，而長碳鏈是非極性的，直接混入即有不能相容的問題，故而要用氯化碏，或是氯化聚乙烯。使用量相當大的 DOP（dioctyl phthalate）的分子式是：

$$\text{極性部分} \qquad \text{柔性部分}$$

分子中包含了含苯環和$-\overset{O}{\underset{\|}{C}}-$的極性部分，可以與 PVC 相容，是以得以長碳鏈的柔性部分混入 PVC 中。

4.2　聚合物的平均分子量和分子量分佈

□ 4.2.1　導論

　　低分子量化合物的分子量，可以用一些比較簡單的方法來精確測量。例如亨利定律（Henry's law）指出在稀溶液中溶液沸點上升（ΔT）與溶液中溶質的克分子數成正比；故而如果溶液中溶質的質量為已知，則可從ΔT計算出溶質的分子量。但是聚合物的分子量太大，故而在稀溶液中的克分子數極小，ΔT不容易測量。是以傳統測量分子量的方法。除了用滲透壓（osmotic pressure）測定分子量之外，均不適用測定高分子材料分子量之用。

　　其次，聚合物是由單體經由同一化學反應，重複數百次以至於數千次而得到的。要將所有的反應控制在同一終止點在目前是不可能的。在實務上是有的終止得早（分子量小）、有的終止得晚（分子量大），是以聚合物是由分子量大小不同的聚合物所組成的混合物，故

而只能用*平均分子量*（averaged molecular weight）來表達。在計算平均分子量時，涉及到：

1. 要知道分子量分佈是可以用何種分佈函數（distribution function）來表示的。分佈函數不同，所得到的平均值亦不同。

2. 所要平均的量是不同的，例如*數均分子量*（number averaged molecular weight, M_n）和*重均分子量*（weight averaged molecular weight, M_w），其值各不相同。對於這一點，在後文中，有進一步的說明。

僅只有平均分子量並不能描述聚合物。如圖 4-3 中 A 和 B 的平均分子量相同，但是*分子量分佈*（molecular weight distribution, MWD）差異很大。故而必須要有平均分子量和分子量分佈才能初步瞭解聚合物。分子量分佈是理解聚合物行為的重要資訊。

由於聚合物是由不同分子量組合而成的，故而在測定平均分子量和分子量分佈的第一步工作就要依照分子量分級。分級的方法一般有三種：

1. 如 4.1.4 節中所討論的，用沉澱法分級。

2. 用高速離心法分離。

3. 利用聚合物稀溶液，在通過填充有含孔隙的球體的*分離柱*（seperation column）時，分子量小（體積小）的分子會進入到球體的孔隙中，分子量大（體積大）的分子則會停留在孔隙之外。當淋液（溶劑，功能相當於氣相透色儀，gas chromatography GC 中的載體，carrier gas）流經分離柱時，分子量大的先流出，而分子量

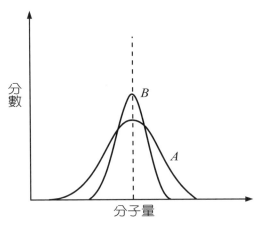

圖 4-3　平均量相同而分佈不同

小的後流出，如此即可依分子量分級。在分離柱後連結偵測器（detector），即是*凝膠滲透色譜儀*（gel permeation chromatography, GPC）。這是目前使用最普遍的分級方法。

在本節的後文中，將依次討論：

1. 聚合物的分子量與黏度。
2. 平均分子量和分子量分佈的定義。
3. 平均分子量和分子量分佈測定。

❑ 4.2.2　聚合物的分子量與黏度

聚合物的分子鏈愈長，分子量愈大，則重量濃度相同溶液的黏度愈大，這是很早就被發現的現象。即是聚合物的黏度和其分子量成正向比。

在 1940 年代開始商業生產的 PVC，其分子量，迄今仍由 K-Value

來表示。K-Value 是 PVC 5%在甲苯重量濃度的黏度。

　　聚合物溶液的黏度，因溶劑不同而異，是以有發展出不受溶劑影響的黏度的需要。

　　本體黏度[η]是一個與溶劑大致無關，而是由聚合物的分子量和聚合物的種類來決定的量。其測定方式如下：

　　令：

$$\frac{溶液黏度}{溶劑黏度} = \frac{\eta}{\eta_o}$$

$$= \eta_r$$

＝相對黏度（relative viscosity），或黏度比

$$\eta_{sp} = \eta_r - 1$$

$$= \frac{\eta - \eta_o}{\eta_o}$$

＝比黏度（specific viscosity）

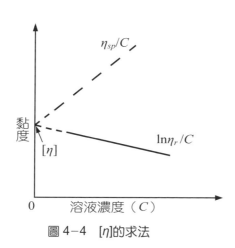

圖 4-4　[η]的求法

$$\frac{\eta_{sp}}{C} = \frac{\eta_r - 1}{C}$$

=黏度數（viscosity number），或 reduced viscosity

C 為溶液濃度

$$\frac{\ln\eta_r}{C} = \frac{\ln(1 + \eta_{sp})}{C}$$

=固有黏度（inherent viscosity）

而

$$[\eta] = \lim_{C \to 0} \frac{\eta_{sp}}{C}$$

$$= \lim_{C \to 0} \frac{\ln\eta_r}{C}$$

=本體（或特性）黏度，intrinsic viscosity，或

極限黏度數，limiting viscosity

由實驗得 η 和 η_o，計算 η_{sp} 和 η_r，將 η_{sp}/C，和 $\ln\eta_r/C$ 對濃度作圖，外延到 $C = 0$，即得到 $[\eta]$。

在工業上，一些歷史比較久的聚合物例如在 1950 年代商業化的聚酯人纖和聚丁二烯，目前仍用 $[\eta]$（iv）來表示分子量。

要指出，實驗測得的 $[\eta]$ 值，因所使用溶劑的不同而有差異並不是真的和所使用溶劑無關。

本體黏度和聚合物分子量之間的關係，用 Mark-Houwink 公式表示：

$$[\eta] = K(M)^\alpha \qquad (4\text{-}9)$$

式中：$[\eta]$：**本體或特性黏度**，intrinsic viscosity；

M：聚合物的分子量；

K：常數，因所使用的溶劑不同而不同。一般在 10^{-4} 和 10^{-6} 之間；

α：常數，因溶劑不同而不同。

與聚合物分子鏈的柔性有關。

柔性鏈在 θ 狀態為 0.5，在溶劑中 $\alpha = 0.5 \sim 1.0$。

剛性聚合物的 α 值高至 $1.8 \sim 2.0$。

K 和 α 可自手冊中查到。是以只要測定 $[\eta]$，查到 K 和 α，即可計算分子量 M。

請注意：剛性鍊的 $\alpha > 1$，而柔性鍊的 $\alpha < 1$，即是在分子量相同時，剛性鍊聚合物本體黏度受分子量影響的程度高於柔性鍊分子，在溶液中的體積愈大，所呈現出的黏度愈大。即是在分子量相同時，剛性聚合物在溶液中的體積，大於柔性鍊聚合物。

另一個重要的黏度與分子量的關係是 Einstein 公式：

$$[\eta] = 2.5N \frac{V_h}{M} \qquad (4\text{-}10)$$

式中：$[\eta]$：本體或特性黏度；

M：聚合物的分子量；

N：Avrogadro's number$=6.02 \times 10^{23}$ 分子/mol；

V_h：聚合物在稀溶液中的流體力學體積（hydro dynamic volume）。即是假定聚合物的分子在溶液中為一剛性球體所相當的體積。

式（4-10）的重要性有二，一是：

$$[\eta] M = 2.5 N V_h \qquad (4-11)$$

即是$[\eta]M$只和V_h有關。這一關係在實驗上得到證明。圖 4-4 是所謂的普適（universal）線，即是對相當多不同的聚合物，如果知道$[\eta]M$，即可知道V_h；或者是說如果知道了V_h和$[\eta]$，即可知道M。

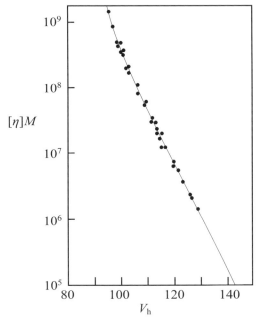

圖 4-4　$[\eta]M$ vs V聚合物分子體積

在 4.2.1 節中提及聚合物的稀溶液在分離柱中，是要依其分子體積來分級的。利用圖 4−4，可以求出未知聚合物在稀溶液中的體積，以校正 GPC 的結果。

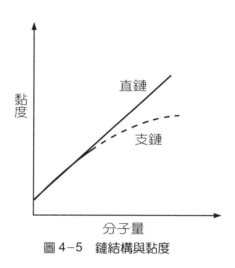

圖 4−5　鏈結構與黏度

式（4-10）的另一個重要性是指出直鏈和高度支鏈聚合物，由於 V_h 的不同，其黏度亦不同。這是由於在分子量相同的情況下，直鏈聚合物的 V_h 比較大，而支鏈聚合物的 V_h 比較小。這一關係，不僅限於稀溶液而是對聚合物的濃溶液和熔體黏度（melt viscosity）均存在。

必需要指出，式（4-9）和（4-10）是本體黏度和分子量的關係，而完全不包含和分子量分佈相關的資訊。

4.2.3　平均分子量、分子量分佈和分子量的分散度

前節所敘聚合物分子量與黏度的關係，仍在工業上用作品管的指標，但是不足以標示聚合物中心分子量的差異，和不同分子量所佔的

比例。

聚合物平均分子量和分子量分佈（MWD）的定義如下；令某一聚合試樣中

n：總莫耳數。

w：總質量。

i：分佈曲線切割為分子量不同的區，i 代表區的標號。

M_i：在 i 區聚合物的分子量（假定為單一分子量）。

n_i：在 i 區，分子量為 M_i 聚合物的莫耳數。

w_i：在 i 區，分子量為 M_i 聚合物的質量。

N_i：分子量為 M_i 聚合物所占有的莫耳分率，$N_i = n_i/n$。

W_i：分子量為 M_i 聚合物所占有的重量分率，$W_i = w_i/w$。

由上列各定義可得：

$$\sum_i n_i = n \qquad\qquad (4\text{-}12)$$

$$\sum_i w_i = w \qquad\qquad (4\text{-}13)$$

$$\sum N_i = 1 \qquad\qquad (4\text{-}14)$$

$$\sum W_i = 1 \qquad\qquad (4\text{-}15)$$

$$w_i = n_i M_i \qquad\qquad (4\text{-}16)$$

則數均分子量 M_n 的定義為：

$$M_n = \frac{w}{n} = \frac{\sum n_i M_i}{\sum n_i}$$
$$= \sum_i N_i M_i \qquad\qquad (4\text{-}17)$$

$$= \int_0^\infty N\,(M)\,M\mathrm{d}\,M \qquad\qquad (4\text{-}18)$$

$$N\,(M)：N 是 M 的函數$$

重均分子量 M_w 的定義是：

$$M_w = \frac{\sum\limits_i n_i M_i^2}{\sum\limits_i n_i M_i}$$

$$= \frac{\sum\limits_i N_i M_i}{\sum W_i}$$

$$= \sum_i W_i M_i \qquad\qquad (4\text{-}19)$$

$$= \int_0^\infty W(M)\,M\mathrm{d}\,M \qquad\qquad (4\text{-}20)$$

$$W(M)：W 是 M 的函數$$

除了 M_n 和 M_w 之外，尚有用稀溶液黏度來測定的黏均分子量，M_{η_i} 和以 $W_i M_i^{z-1}$ 為平均數重的 M_z。在將聚合物的性質對平均分子量作圖時，各有其方便處。M_n 和 M_w 是最普遍使用的平均分子量。

令：

$\sigma^2 =$ 切割區分子量（M）與平均分子量（M_n）之差的均方值

$$= \int_0^\infty (M-M_n)^2 N(M)\mathrm{d}\,M$$

$$= (\overline{M^2}) - M_n^2 \qquad\qquad (4\text{-}21)$$

$\overline{M^2}$ 是分子量 M 的均方平均值

參看式（4-19）：

$$M_w = \frac{\sum_i W_i M_i}{\sum_i W_i}$$

$$= \frac{\sum_i W_i M_i / \sum n_i}{\sum_i W_i / \sum n_i}$$

$$= \frac{\sum n_i M_i^2 / \sum n_i}{\sum n_i M_i / \sum n_i}$$

$$= \frac{(\overline{M^2})}{M_n}$$

或　$M_w M_n = (\overline{M^2})$，代入式（4-21）

$$\sigma^2 = M_n^2 \left(\frac{M_w}{M_n} - 1 \right) \tag{4-22}$$

即是：$M_n = M_w$ 時，$\sigma^2 = 0$，或是此聚合物為單一分子量的物品，即分子量分佈極窄。所以

M_w / M_n 稱之為*分散度*（poly dispersity, PD）。

$\dfrac{M_w}{M_n} = 1$　時聚合物為單一分子量，同時 $M_n = M_w = M_z = M_\eta$。由於聚合物不可能是單一分子量，一般以 $M_w / M_n \leq 1.05$ 為單一分子量（mono disperse）。

$\dfrac{M_w}{M_n} > 1$　是常態，數值愈大，表示聚合物中分子量的差異愈大，或是 MWD 或 PD 愈寬。

一般 $M_z > M_w > M_n$。

圖 4-7 是一商業 PS 的分子量及分子量分佈，$M_n = 81,700$；
$M_w = 250,000$；$M_z = 540,200$；MWD 或 PD = 3.14。

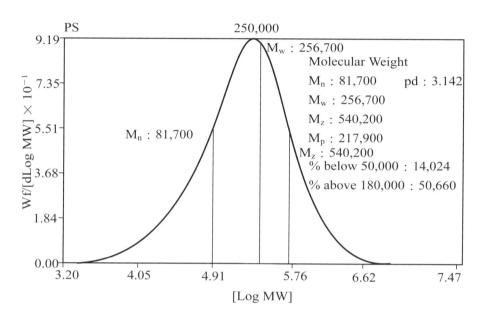

PS

250,000

M_w : 256,700
Molecular Weight

M_n : 81,700   pd : 3.142

M_w : 256,700

M_z : 540,200

M_p : 217,900

M_z : 540,200

% below 50,000 : 14,024

% above 180,000 : 50,660

M_n : 81,700

圖 4-7　商用 PS 的分子量及分子量分佈

□ 4.2.4　分子量測定

圖 4-8 是目前測定聚合物分子量最常用的 GPC 裝置示意圖。

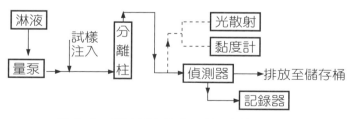

圖 4-8　GPC 聚合物分子量測定裝置示意圖

　　參看圖4-8，淋液或載液，經過高壓計量泵（metering pump）以恆流速流入系統，將試樣（sample）帶進分離柱（column），在分離柱中依照分子的體積分級後，經過偵測器（detector）後排放，而偵測的結果由記錄器記錄。

　　分離柱要保持恆溫，偵測器可用折光（refactive index, RI），紫外線（UV）等，這即是標準的GPC裝置。圖中用虛線表示的是黏度計，和光散射（light scattering）計，即是由分離柱分級後的聚合物溶液，可以再測定其黏度和光散射資料，原因將在本節後文中說明，而這是研究用的聚合物分子量測定裝置。

　　圖4-9是GPC的原始記錄圖（圖4-7是經過資料處理的圖）。

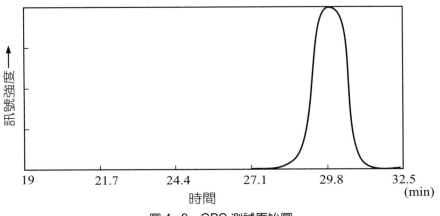

圖4-9　GPC測試原始圖

測定條件：

溫度：25℃；

淋液：THF；

淋液流速：1ml/min；

樣品：PB，聚丁二烯；

注入量：1mg（以溶液注入）；

取樣密度：10 點／ min；

偵測器：光折射（RI）。

圖 4–9 的橫座標是時間（min），縱座標是信號強度（mv）。圖中顯示大分子量的樣品在樣品注入後 28.11 分鐘開始出現。而在 31.4 分鐘後消失。圖 4–10 將在這一段時間內的圖形放大。在使用校正曲線校正後，由計算所得到的結果為：

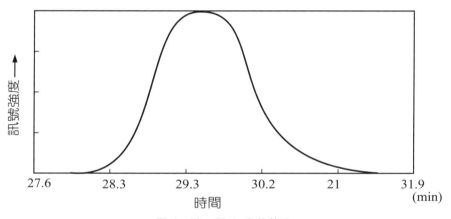

圖 4–10　圖 4–9 的放大

$$M_n = 30,938$$

$$M_w = 31,801$$

$$M_z = 32,683$$

$$M_\eta = 31,667$$

$$PD = M_w / M_n = 1.03$$

$$[\eta] = 0.59858$$

10%分子量＝41,013

90%分子量＝26,356

峰（peak）頂分子量：30,897

對於圖 4－9、圖 4－10 和所得到的結果，作以下的說明：

1. 由 GPC 所得到的結果，要由標準試樣（standard sample）來校正分子量不同的分子分流到偵測器所需要的時間（residence time），和峰頂所代表的量。由於標準試樣在理論上要和試樣具有完全相同的分子結構，而這在實務上是不可能的。同時目前只有陰離子聚合可以得到M_w / M_n在 1.05 以下的、種類有限的聚合物，故而必須要加以校正，校正的基礎是：

   (1) 光散射法在理論上可以測定 M_w的絕對值，以及一些極重要的數據。

   (2) 從式（4-11）和圖 3－4 可以得到聚合物在稀溶液中的體積。

   是以圖 3－8 中所顯示，在用分離柱將聚合物依分子大小分級之後，用 RI、UV 測定量、用黏度計測定 M_η 和$[\eta]$、以及用光散射來測定 M_w 等都是必要的。

   另一種情況，則是先對某一聚合物用比較全面的資料作出校正式或校正曲線。在檢測同一聚合物的未知樣品時，僅取 GPC 圖再用校正曲線（式）校正。

2. 圖 4－10 的 $M_w / M_n = 1.03$，符合單一分子量標準樣品的要求。在數據上，$M_n = 30,938$，$M_w = 31,801$，但是有 10%分子的分子量 $\geq 41,013$，有 10%的分子量 $\leq 26,356$。距離「單一」很遠。這彰顯了聚合物是由不同分子量分子所組成的混合物；而聚合物的性

質與分子量的關聯性極高。故而瞭解聚合物分子量分佈，MWD
是非常重要的。

4.3　介面性質

請參看圖 4－11，處於液體中的分子，受到其他同類分子來自四
面八方的作用力，而處在液面的分子則是在與空氣接觸的面上受到空
氣分子的作用力。由於氣體的密度遠低於液體，故而處於液面液體分
子所接受到空氣分子的作用力遠低於來自液體內同類分子的作用力，
一般將與空氣分子之間的作用力略而不計。因此，處於表面分子均受
到垂直於液面且指向液體內部的，不平衡的作用力。故而如果要將處
於平衡狀態的分子由液體內部移到液面，就必須克服液體內分子之間
的作用力而作功，是以處於液面的分子具有比液體內分子更高的位
能；這種液面分子所具有的位能，即是*表面自由能*（surface free en-
ergy）或是表面能。

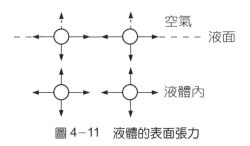

圖 4－11　液體的表面張力

一個系統在穩定平衡態時，具有最小的位能，為了減少總位能，
液體趨向於減少其表面面積，由於要減少表面面積，故而液體的表面

有傾向收縮的張力，這種張力，即稱之為**表面張力**（surface tension）。

在固態和液態的介面，參看圖 4－12，f 是液體的表面張力，趨向於將液體的表面積縮至最小，f' 是固液間的作用力。圖 4－12(a)是固液之間有引力，且 $f'>f$，f' 趨向於使液體分子向上，而 f 則是指向液體的內部，二力之間的夾角為 θ。圖 4－12(b)是固液之間有排斥力，且 $f>f'$，如此則 f' 使液體分子向下，而 f 仍是趨向於使液面保持為最小，在這種情況是向上，二者之間的夾角是 θ，和(a)不同，(b)的 $\theta>90°$；而(a)的 $\theta<90°$。

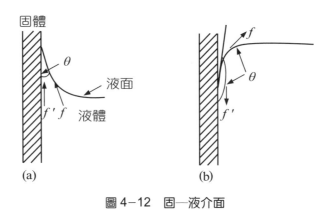

圖 4－12　固－液介面

(a)代表液態和固態之間有親和性，而(b)代表液態和固態之間沒有親和性。液態和固體之間的親和性，一般稱之為**潤濕性**（wetting），在不同的場合，亦稱之為**鋪展潤濕**（spreading wetting）、**黏附潤濕**（adhesional wetting）或**浸漬潤濕**（immersional wetting）。θ 稱之為**接觸角**（contact angle）。

再從表面張力的角度來看潤濕現象，參看圖 4–13：

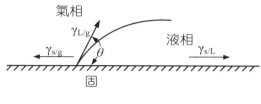

圖 4–13

令：$\gamma_{s/g}$：固—氣態之間的表面張力。

　　$\gamma_{L/g}$：液—氣態之間的表面張力。

　　$\gamma_{s/L}$：固—液態之間的表面張力。

Young 公式：

$$\gamma_{L/g}\cos\theta = \gamma_{s/g} - \gamma_{s/L}$$

$$\text{或}\quad \cos\theta = \frac{\gamma_{s/g} - \gamma_{s/L}}{\gamma_{L/g}} \tag{4-23}$$

θ 是**接觸角**

$\theta = 0°$　　代表液體可以完全平鋪在固體表面，完全潤濕。

$\theta = 180°$　表示固液之間完全沒有作用力。

$\theta = 90°$　是開始可以潤濕的臨界點。

無機化合物分子之間的作用力多半是離子鍵，遠高於有機化合物的 dispersion force，是以水和有機物在無機物的表面上的 θ 接近零，水銀在玻璃表面上的 θ 約為 140°。

　　潤濕作用，可以看成是液體取代了原先附著在固體表面的氣體，其所作的功如 Dupre 公式：

$$W_a = \gamma_{s/g} + \gamma_{L/g} - \gamma_{s/L}$$
$$= \gamma_{L/g}(1 + \cos\theta) \qquad (4\text{-}24)$$

式中：W_a＝黏著功，

　　如果 $\theta = 0°$，$\cos\theta = 1$。

　　再假定氣體分子和液體分子之間作用極小而可以省略，則

$$W_a = 2\gamma_{L/g}$$
$$= 液體的內聚能 \qquad (4\text{-}25)$$

　　至此，可以得到下面兩個結論：

1. 如果液態（黏著劑）能平鋪在固態的表面上（接觸角 $\theta = 0$），則固液相之間的黏著力，相當於液態分子之間的作用力。

2. θ 是否為零，基本上取決於固態的表面張力（固態分子之間的作用力）。無機化合物分子之間的作用力甚大，故而 θ 極小、但是如果固相是聚合物，則 γ_s 的值可能會小於黏著劑的 γ_L；如此，則有「黏不上去」的問題。

　　固態聚合物表面張力的測量方法是，用表面張力為已知的液體，滴在固體平滑的表面上，測量接觸角 θ，然後計算固體的表面張力。這種測量方法精確度很高。

　　除此之外，固體的表面張力也可以用一些經驗式來估算：

令　$\gamma_c = \lim\limits_{\theta \to 0} \gamma_{L/g}$

$\qquad = \gamma_{s/g} - [\gamma_{s/L} + (\gamma_s - \gamma_{s/g})]$　　　　　（4-26）

式中：γ_c：臨界表面張力，比測量值小$[\gamma_{s/L} + (\gamma_s - \gamma_{s/g})]$，

　　則 Wu 等有下列經驗式：

$$\gamma_c = K_1 \left(\frac{\Sigma F_i}{n_i}\right)^{K_2} \left(\frac{n_s}{V_m}\right)^{K_3}$$　　　　　（4-27）

式中：F_i：和式（4-6）和表 3-3 中的 F_i 相同；

　　n_i：結構單元中的原子數；

　　V_m：結構單元的莫耳體積，cm³/mol＝$\dfrac{分子量}{密度}$；

　　K_1, K_2 和 K_3：常數，不同研究人員有不同的值：

　　　　　Wu：$K_1 = 0.327$；$K_2 = 1.85$；$K_3 = 1.52$；

　　　　　代模欄：$K_1 = 0.7$；$K_2 = 1.88$；$K_3 = 1.57$。

　　由實驗所得，由式（4-27）所計算的表面張力如表 3-4。同時聚合物表面張力和分子量的關係如式（4-28），和結晶度及密度的關係如式（4-29）。

$$\gamma = \gamma_\infty - k(M_n)^{-2/3}$$　　　　　（4-28）

表 4-4　聚合物及若干無機物的表面張力

材料	γ, mN/m，測量值	γ_c, mN/m，計算值
銅	－	2,700
鐵	－	1,200

表4-4　聚合物及若干無機物的表面張力（續）

材料	γ, mN/m，測量值	γ_c, mN/m，計算值
木材	—	45
水	72.6	19～21
PAN	—	50
PVDC	45.2	40
Nylon 6/6	44.7	46
Neoprene	43.6	38
PVC	42.9	39
PET	42.1	43
Nylon 6	—	42
PMMA	41.1	39
PS	40.7	33
PVAC	36.5	33
PE	35.7	31
Polybutylene	33.6	27
$\begin{array}{c} F \quad F \\ -C-C- \\ F \quad Cl \end{array}$	32.1	31
PP	30.1	32
$\begin{array}{c} H \quad F \\ -C-C- \\ H \quad F \end{array}$	26.5	25
$\begin{array}{c} F \quad F \\ -C-C- \\ F \quad F \end{array}$	23.9	19
silicon rubber	19.9	24
polyhexa floro proylene	17.0	10

式中：γ_∞：分子量為無窮大時表面張力；

　　　M_n：聚合物的數均分子量；

　　　k：實驗常數。

$$\gamma_1 = \left(\frac{\rho_1}{\rho_2}\right)^n \gamma_2 \qquad\qquad （4\text{-}29）$$

式中：γ_1, γ_2：結晶與非結晶聚合物的表面張力；

　　　ρ_1, ρ_2：結晶與非結晶聚合物的密度。

　　即是分子量愈大、結晶度愈高，則表面張力愈大。

　　從表 4-4 中可以看出：

1. 公式（4-27），在有氫鍵存在的時候，例如水，誤差極大，在其他的情況下，估計值的誤差是在可接受的範圍。
2. 聚合物表面張力的大小，大致是由人造纖維至橡膠遞減。
3. 含氟及矽等聚合物的表面張力是比較小的，也就是說是難於黏合的。在其他的用途之外，含氟化合物和矽化合物用作離型（rele-asing）劑；另一類常用的離型劑是硼，其表面張力為 30mN/m。比水表面張力小的物質，都具有防水功能，氟和矽的化合物則具有防油（碳氫化合物）的功能，同時防油也必然防水。
4. 比含氟和矽等聚合物表面張力高一點的泛用聚合物是 PE 和 PP，這二種聚合物一般都不易黏著或在上面印刷，在印刷時要先經過放電處理，以增加其表面的活性。

4.4　聚合物的共混

　　某一特定聚合物，其性質是侷限於在一定的範圍內；要摻加入另一物質或聚合物的目的是要比較大幅度的改變一些性質，如加工性和韌性。例如在 4.1.5 節中所提到的在 PVC 中加入助塑劑，可以將原本

為硬質（管材）的材料，改變性質為人造皮原料的柔性材料，大幅度的提高了PVC的應用範圍。這是利用分子量相對低的溶劑類物質，改變聚合物性質最明顯，也是最成功的例子。其可能的缺點是助塑劑的分子量低，會揮發，柔性會消失，同時揮發出來的助塑劑也可能會有污染的問題。是以再發展出以柔性聚合物作為助塑劑，例如 MMA－丁二烯和苯乙烯的共聚合物 MBS。

參看式（4-1），聚合物在形成共混後所貢獻出之 ΔS 很低，使聚合物相容的困難度更高。在第二章中，曾提到利用聚合的方式，來將兩種內聚能不同的聚合物聯接在一起，以達到改質的目的。例如 HIPS 是將苯乙烯接到聚丁二烯上去；ABS 是將苯乙烯和丙烯腈接枝到聚丁二烯上；而熱可塑彈性體則是將剛性的硬段和柔性的軟段接在一起。

將不同的聚合物用機械方法混合（compounding）在一起，首先要注意的是其相容性。例如 NBR 可以和 PVC 混合成一種熱可塑彈性體，NBR 中 AN 量的範圍一般在 20～60%，而只有含 AN 在 30% 左右的 NBR 與 PVC 的相容性最好，因為含 30%AN 的 NBR 的極性和 PVC 最接近。

除了相容性之外，不同聚合物的流動性質也必需相近似，由於混合是在高剪切力下進行的，流動行為的差異會造成混不均勻的後果，而且是愈混愈不均勻。例如 PPO 是性能很好的工程塑膠，其溶解指數 $\delta=19$，但 PPO 的加工性（熔黏度高）不佳，故而所謂的 MPPO（modified PPO）是摻有 PS（$\delta=18.5$）的 PPO。在實務上必需用分子量比較低的 PS 使二者形成固態溶液，一般商用 PS 的分子量太高，不

能完全相容。

　　共混看起來是一種看起來比較簡單的聚合物改質的方法，但是必需要有非常詳細的聚合物性質資料作為基礎。

4.5　介面活性劑和相容劑

　　介面活性劑（surfactant）和*相容劑*（compatibilizer）都是具有*雙親性*（amphibathic）的物質。所謂的雙親性，是在同一分子上同時具有極性或親液性相差極大，或是 δ 相差極大的基團；故而可以同時相容於兩個相容性極差的材料之間，而將原本不相容的材料連結在一起。

　　介面活性劑一般是指同時具有*親水性*（hydrophilic）和*親油性*（lipophilic，或*疏水性* hydrophobic）的化合物，前者的表面張力高而後者的表面張力低。最常見到的介面活性劑是肥皂和清潔劑，它們即是藉這種雙親性將油污洗到水中。常見到的乳液亦是利用這種雙親性，將有機化合物以小粒的型態分散在水中。

　　如前述，聚合物改質的目的是增加剛性聚合物的韌性，從第二章可以知道剛、柔聚合物分子之間的作用力相差甚大，或是說其溶解指數相差很大。相容劑則是在同一分子上具有長鏈的剛、柔二崁段（diblock）的聚合物，藉由長鏈各與剛性及柔性聚合物的分子鏈糾纏在一起，而達到將二者拉在一起的功能。近年發展出接有順丁酐（MA）的 SEBS，SEBS 為一高溫的彈性體，MA 上有一個雙鍵和兩個酸基，

這兩個酸基可以藉由逐步聚合物的途徑接上可與剛性聚合物相容的分子鏈。

複習

1. 聚合物在溶劑中的溶解過程。結晶聚合物在溶劑中的溶解。交聯聚合物在溶劑中的澎潤。

2. 稀溶液、良溶劑、貧溶劑和 θ 條件的定義。

3. 熱力學判斷能否形成溶液的條件。

4. 溶解參數的定義和物理意義。

5. 估算聚合物溶解參數的方法。

6. 選擇聚合物溶劑的原則。

7. 聚合物的分子量和溶解的關係。

8. Mark Houwink 和 Einstein 的本體黏度與分子量的關係式。

9. 相對黏度、比黏度、黏度數和本體黏度的定義。

10. 數均分子量、重均分子量、和分子量的分散度的定義及物理意義。

11. 用 GPC 法測定聚合物的分子量時包含哪幾個步驟？每一步驟的目的是什麼？利用黏度資訊可以取得什麼數據？利用光散射可以取得什麼數據？用紫外線吸收或折射率可以取得什麼數據？

12. 表面張力的定義和物理意義；估算方法以及和分子量和結晶度的關係。

13. 接觸角的定義和物理意義。液體可以潤濕因應表面的條件。

14. 介面活性劑和相容劑的定義。

討論

1. T_g，溶解參數和表面張力的異同點。

2. 在測定聚合物分子量時，為什麼要在稀溶液狀態進行？

3. 耐洗或耐久的防水或防油處理，其防水（油）處理要具備哪些條件？

4. 將不同 T_g 聚合物用機械方法混合，使成一均勻的物質，其困難點是什麼？有成功的例子嗎？

5. 用機械共混的方法將性質不同的聚合物調合在一起的目的是什麼？要考慮哪些因素？有何優劣點？

Chapter 5
高分子材料在受力時的變形

本章對高分子材料的彈性、黏彈性、在變形時的能耗、和黏流作簡要的說明。涵蓋聚合物分子從彈性體至黏流態行為的變化。

5.1 聚合物的彈性

令聚合物的原長為 l，在受到外力 F 之後，長度增加了 dl，則熱力學第一定律：

$$dU = dQ - dW \qquad (5\text{-}1)$$

式中：U：內能（internal energy）；

Q：熱，自系統外傳入的熱為（＋），自系統傳出的熱為（－）；

W：功，對系統外作功為（＋），外界對系統作功為（－）。

而

$$dW = 體積變化所作的功 - 形狀變化所作的功$$
$$= PdV - Fdl \qquad (5\text{-}2)$$

假設在受力變形的過程中，體積 V 沒有變化，即 $dV = 0$，

$$\therefore dW = -Fdl \qquad (5\text{-}3)$$

熱力學第二定律，*對可逆過程*（reversible process）：

$$dQ = TdS \qquad (5\text{-}4)$$

式中：T：絕對溫度；

　　　S：熵，entropy。

將式（5-3）及式（5-4）代入式（5-1），得

$$dU = TdS + Fdl \qquad (5\text{-}5)$$

對 l 偏微分，得

$$\left(\frac{\partial U}{\partial l} \right)_{T,V} = T\left(\frac{\partial S}{\partial l} \right)_{T,V} + F \qquad (5\text{-}6)$$

假定此一聚合物為*理想彈性體*，即是在變形和回彈過程中內能不產生改變。

$$\text{則} \quad \left(\frac{\partial U}{\partial l} \right)_{T,V} = 0$$

$$\text{所以} \quad F = -T\left(\frac{\partial S}{\partial l} \right)_{T,V} \qquad (5\text{-}7)$$

式（5-7）的意義是，外力使得聚合物的熵減少，ΔS 為（－），即是分子排列從無序變得有序。在外力取消之後，再由有序變為無序，ΔS 為（＋），恢復原來的形狀。這是聚合物具有回彈性的原因。

聚合物均為非理想彈性體，在受力和回彈過程中的能耗，將在5.3 節中說明。

式（5-7）同時說明：外力會改變聚合物分子的排列，外力會使得熵（S）減少，即是分子會趨向於有規則的排列，2.4.2.3 節所討論的

定向結晶延伸現象的理論基礎即在此。

外力促使聚合物分子規則排列的其它現象，包含有：

- 收縮膜（shrinkable film），即是當聚合物受力澎漲分子重新排列之後，急速降溫，使聚合物分子無法回歸到原來的平衡狀態，而具有要回歸原狀態的潛能，此潛能稱之為*凍結應力*（frozen stress）。當溫度升高，聚合物分子在凍結應力的驅使下可以再自由運動、收縮回歸至平衡狀態。

- 聚合物在加工成型時，一班會在受力的情況下受力變形（包含流動），即是分子會有序排列。成型的最後階段是降溫，降溫的速度太快，產品中即會有凍結應力，而導致產品變形以致於破損。

- 在擠出成形時，離開模頭的聚合物分子會重新排列，而導致產生稱之為 die swell 的變形。變形的幅度和擠出速度（即是受力的大小成比例）。

5.2 應力鬆弛和蠕變

聚合物的應變落後於應力的現象，或稱之為黏彈性，一般表現為*應力鬆弛*（stress relaxation），和*蠕變*（creep）現象，分別說明如下：

5.2.1 應力鬆弛

參看圖 5-1，聚合物在受到 σ_1 的力之後，產生 $d\varepsilon$ 的變形。要維持 $d\varepsilon$ 變形所需要的力，隨著時間而下降，直至 $t = t'$ 後，維持相同 $d\varepsilon$ 變形

所需要的力，由 σ_1 降至 σ_2，此一現象稱之為應力鬆弛。

在物理上，彈性體一般是用 Hook's 定理來表示：

$$\sigma = E\varepsilon \qquad\qquad (5\text{-}8)$$

式中：σ：應力（stress）；

　　　ε：應變（strain）；

　　　E：強度係數（modulus）

　　　　$= \dfrac{\sigma}{\varepsilon}$，即是產生單位變形所需要的力。

式（5-8）一般是用彈簧來表示，其應變與時間的關係如圖 5-2。

當 $t = t_1$ 時，施加外力 σ，而立即產生 $\varepsilon = \dfrac{\sigma}{E}$ 的變形。在 $t = t_2$ 時，外力 σ 取消，而且變形 ε 也立即消失。故而彈簧的應變是即時的，是可逆的變形過程。

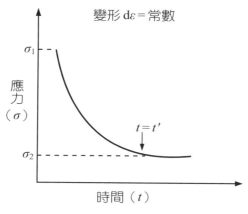

圖 5-1　應力鬆弛現象

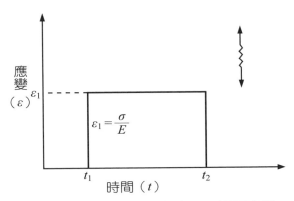

圖 5-2　彈性體（Hook's）的應變─時間示意圖

而黏性則用牛頓的流動定理來表示：

$$\sigma = \eta \frac{d\varepsilon}{dt} \qquad\qquad (5\text{-}9)$$

式中 σ 和 ε 的意義和式（5-8）中相同

　　t：時間；

　　η：黏度；

　　式（5-9）一般用黏壺（dash pot）來表示，其應變與時間的關係如圖 5-3。

　　在時間為 t_1 的時候，施加外力 σ，ε 隨即以 $\frac{\sigma}{\eta}$ 的斜率上升至 ε_1；在 $t = t_2$ 時 σ 取消，但是 ε 仍為 ε_1。即是黏壺在受力之後的應變是延後的，而且不能恢復原狀，是不可逆的變形過程。

　　在說明聚合物的黏彈性時，一般是用 *Maxwell 模型*（model）來解釋應力鬆弛。Maxwell model 是將彈簧和黏壺串聯如圖 5-4。

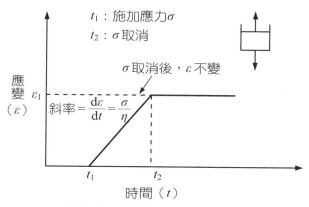

圖 5-3　黏壺的 ε vs t 示意圖

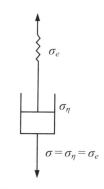

圖 5-4　Maxwell model

其總應力 σ

$$\sigma = \sigma_e = \sigma_\eta \qquad\qquad (5\text{-}10)$$

　　$=$ 彈簧所受的應力，σ_e

　　$=$ 黏壺所受之應力，σ_η

總應變 ε

$$\varepsilon = \varepsilon_e + \varepsilon_\eta \tag{5-11}$$

$$= \text{彈簧的應變} + \text{黏壺的應變}$$

將式（5-11）中的 ε 對時間微分，同時將式（5-8）及式（5-9）代入：

$$\frac{\mathrm{d}\varepsilon}{\mathrm{d}t} = \frac{\mathrm{d}\varepsilon_e}{\mathrm{d}t} + \frac{\mathrm{d}\varepsilon_\eta}{\mathrm{d}t}$$

$$= \frac{1}{E}\frac{\mathrm{d}\sigma}{\mathrm{d}t} + \frac{\sigma}{\eta} \tag{5-12}$$

當鬆弛完成，即 ε 為定值時，$\dfrac{\mathrm{d}\varepsilon}{\mathrm{d}t} = 0$，式（5-12）即為：

$$\frac{\mathrm{d}\sigma}{\sigma} = -\frac{E}{\eta}\mathrm{d}t$$

令 $\tau =$ 鬆弛時間（relaxation time）$= \dfrac{\eta}{E}$，即得

$$\sigma = \sigma_0\, e^{-\frac{t}{\tau}} \tag{5-13}$$

式中 σ_0：最初的應力。

式（5-13）表示，當 ε 為定值時，維持 ε 所需要的應力 σ 恆小於初應力 σ_0。當 $t = \tau$ 時，$\dfrac{\sigma}{\sigma_0} = \dfrac{1}{e}$，即是 σ 為初應力的 37%。

是以 Maxwell model 大致可以解釋應力鬆弛現象。或者是說應力鬆弛現象是聚合物具有黏彈性的表現。

聚合物的強度係數 E 愈大，則鬆弛時間愈短。

□ 5.2.2　蠕變

　　蠕變（creep）是指聚合物材料在受到一定的力之後，其變形隨時間而增加的現象。這種現象一般是用 Voigt model（即是將彈簧和黏壺並聯）來說明。參看圖 5–5。

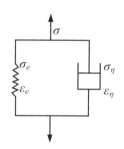

圖 5–5　Voigt model 示意圖

總變形 ε

$$\varepsilon = \varepsilon_e = \varepsilon_\eta \qquad (5\text{-}14)$$

　　＝彈簧變形，ε_e

　　＝黏壺變形，ε_η

總應力 σ

$$\sigma = \sigma_e + \sigma_\eta \qquad (5\text{-}15)$$

　　＝彈簧所受的力＋黏壺所受的力

將式（5-8）和式（5-9）代入式（5-15）：

$$\sigma_{(t)} = E\varepsilon + \eta \frac{\mathrm{d}\varepsilon}{\mathrm{d}t}$$

$$\because \sigma \text{ 為定值 } , \quad \therefore \sigma_{(t)} = \sigma_0$$

$$\therefore \varepsilon = \frac{\eta}{E} \frac{\mathrm{d}\varepsilon}{\mathrm{d}t} - \frac{\sigma_0}{E} \qquad (5\text{-}16)$$

$$\therefore \varepsilon_{(t)} = \frac{\sigma_0}{E} (1 - e^{-t/\tau}) \qquad (5\text{-}17)$$

式（5-17）說明當 σ 為定值時，變形 ε 是時間的函數。同時也說明了聚合物的蠕變現象是由其黏彈性所引起的。

5.3　動態鬆弛

汽車輪胎在行駛的時候，受到週期性的外力（壓力），相對應的，輪胎也以一定的週期（頻率）變形。參看圖 5-6，$\sigma(t)$ 和 $\varepsilon(t)$ 可以表示為

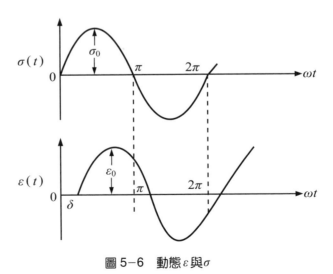

圖 5-6　動態 ε 與 σ

$$\sigma(t) = \sigma_0 \sin\omega t \qquad\qquad (5\text{-}18)$$

$$\varepsilon(t) = \varepsilon_0 \sin(\omega t - \delta) \qquad\qquad (5\text{-}19)$$

式中：σ_0：最大應力；

　　　ω：角頻率

　　　　$= 2\pi v$（v 為頻率）；

　　　ε_0：應變落於應變的角頻率。

　　$\varepsilon(t)$落後於$\sigma(t)$的原因是聚合物在變形時，分子重新排列〔參看式（5-7）〕；在排列的過程中，分子與分子之間摩擦而生熱，這種摩擦生熱消耗掉一部分的能。或者說由於分子之間在受到外力變形時，一部分所接受到的能被分子之間的摩擦消耗掉了，故而當外力取消，聚合物恢復原狀時對外所作的功，小於當初外力對聚合物所作的功。這種情形如圖 5-7。即是在循環受力變形的過程中，ε vs σ形成一環（loop）形。環形中的面積相當於耗失而轉換為熱的能。用數學式表示。

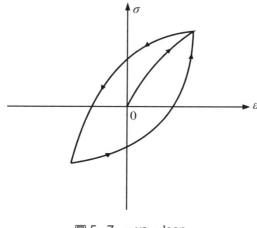

圖 5-7　ε vs σ loop

$$\Delta W = \oint \sigma(t)\, d\varepsilon(t)$$

$$= \oint \sigma(t) \frac{d\varepsilon(t)}{dt}\, dt \qquad (5\text{-}20)$$

$$= 損耗的功$$

將式（5-18）和式（5-19）代入式（5-20），並積分

$$\Delta W = \sigma_0 \varepsilon_0\, \omega \int_0^{2\pi/\omega} \sin \omega t \cos(\omega t - \delta)\, dt$$

$$= \pi\, \sigma_0 \varepsilon_0 \sin\delta \qquad (5\text{-}21)$$

即是耗失的能和相角差 δ 之正弦函數成正比。δ 故而亦稱之為**耗損角**（loss angle）。

另一種表示的方法是用複數來表示。

$$\sigma(t) = \sigma_0\, e^{i\omega t} \qquad (5\text{-}22)$$

$$\varepsilon(t) = \varepsilon_0\, e^{i(\omega t - \delta)} \qquad (5\text{-}23)$$

則 $\quad E = \dfrac{\sigma(t)}{\varepsilon(t)}$

$$= \frac{\sigma_0\, e^{i\omega t}}{\varepsilon_0\, e^{i(\omega t - \delta)}}$$

$$= \frac{\sigma_0}{\varepsilon_0}\, e^{i\delta} \qquad (5\text{-}24)$$

$$\because e^{i\delta} = \cos\delta + i\sin\delta$$

$$\therefore E = \frac{\sigma_0}{\varepsilon_0}\,(\cos\delta + i\sin\delta) \qquad (5\text{-}25)$$

$$令\quad E'=\frac{\sigma_0}{\varepsilon_0}\cos\delta$$

$$E''=\frac{\sigma_0}{\varepsilon_0}\sin\delta$$

$$則\quad E=E'+iE'' \tag{5-26}$$

式（5-26）中：　E'：貯能模數（storage modulus）；

E''：耗失模數（loss modulus）；

而 $\tan\delta=\dfrac{E'}{E''}$

　　　　　　　　　$=$正切耗失，loss tangent。

　　$\tan\delta$ 是一般用來判斷聚合物彈性體用作輪胎時，判斷其發熱程度的標準。

　　一種簡單的測試耗失能的方法，是測量實心聚合物球體的自由回彈（rebound），即是在不加外力球體落地後回彈的高度與落下時之高度的比。回彈率愈高，則能耗愈小，發熱量愈低。

5.4　彈性和黏彈性

　　總結 5.1 至 5.3 的內容。

　　在受到外力時，聚合物的分子會重新排列，在外力消失後，再恢復原狀。一般說來，聚合物分子在重新排列時需要克服分子之間的阻力，故而需要時間，故而呈現延滯現象，此即是蠕變、應力鬆弛現象，一般剛性分子延滯現象小，而柔性分子延滯現象大。

　　由於延滯現象是分子移動的表現，故而分子運動的難易，決定了延滯現象的大小。是以如圖 5-8，在不同溫度下的應力鬆弛幅度不同。

關於動態鬆弛，其情況與靜態基本相同。外力 σ 的頻率如果很高，則聚合物來不及反應，則聚合物的表面和剛體相同，延滯現象小。而在頻率不太高時，則有明顯的延滯現象。

溫度升高，分子運動容易，變形幾乎不落後於應力。圖 5–8 中的 T_f 是非結晶聚合物開始黏性變形（流動），或是不可逆變形的溫度。溫度低於 T_m 或 T_f 時，聚合物同時具有黏性和彈性；溫度趨向 T_g 時，彈性增加；溫度上升趨向於 T_m 或 T_f 時，黏性增加；溫度大於 T_m 或 T_f 時，以黏性變形為主；聚合物的加工溫度，一般均高於 T_m 或 T_f。

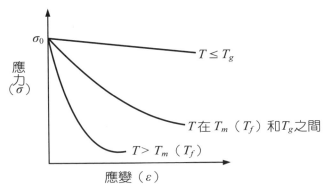

圖 5–8　不同溫度時的 ε vs σ

5.5　熔體的流動

式（5-9）是描述在外力作用下流體流動的基本方式：

$$\sigma = \eta \frac{\mathrm{d}\varepsilon}{\mathrm{d}t} \tag{5-9}$$

　　參看圖 5-9，流體存在於二平板之間，上板以 v 的速度沿 x 軸移動，則貼近上板的流體以和上板相同的速度沿 x 軸移動；下板固定不動，和下板貼近的流體的流速則同樣為零。是以流體在二平行板之間的流速，v_x，是二板之間距離的函數；$\dfrac{dv_x}{dy}$ 一般稱之為**速度梯度**（velocity gradient）。上板對流體施加以剪切應力（shear stress），τ，流體則發生了 $\dfrac{dv_x}{dy}$ 的變形率。

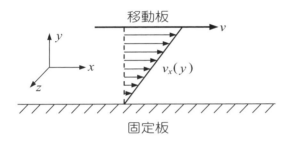

移動板

$v_x(y)$

固定板

圖 5-9　流體在二平行板之間的流動行為

令 γ 為**剪切應變**（shear strain）

$$\dot{\gamma} = \frac{d\gamma}{dt} = \frac{d}{dt}\left(\frac{dx}{dy}\right)$$
$$= \frac{d}{dy}\left(\frac{dx}{dt}\right)$$
$$= \frac{dv_x}{dy}$$

故而式（5-9）可寫成：

$$\tau = \eta\dot{\gamma} \qquad\qquad (5\text{-}27)$$

這種因剪切應力所產生的*剪切流動*（shear flow），亦稱之為 Couette flow；式（5-27）中的 η 是*剪切黏度*（shear viscosity）。本章中僅討論剪切流動，而不涉及*伸張*（extensional）流動，或 *Trouton* 流動。

如果流體的黏度很高，流速不是特別的高，流體的黏滯力大於慣性力，則流體的二維空間中流動（移動）的方向和 x 軸平行，同時流體基本上沒有 y 軸向的移動。這種流動稱之為*層流*（laminar flow）。如果流體同時有 x 和 y 軸向的不規則流動則稱之為*湍流*（turbulent flow）。聚合物在加工過程中的流動，由於黏度非常高，均是層流。

□ 5.5.1　牛頓和非牛頓流體

圖 5-10 是不同流體的剪切應力與剪切變形（流動）之間關係的示意圖。圖中標示為 N 的線，表示 σ 和 $\dot\gamma$ 之間的關係是直線的，即是 σ 和 $\dot\gamma$ 之間的關係固定，或者說 η 是定值，不受 σ 大小的影響。這類流體稱之為*牛頓*（Newtonian）*流體*。P 線顯示當 σ 大於某一值之後，$\dot\gamma$ 的變化加快；或者是說黏度（流動的阻力），η，在 σ 高於某一定值之後，隨著 σ 的增加而減少；這一類的流體稱之為*假塑性流體*（pseudo-plastic）。由於絕大多數聚合物在加工過程中的流動行為均是假塑性。本章僅討論假塑性流體。線 D 則與線 P 相反，即是在 σ 會使得 η 增加，這一類的流體稱之為*膨脹性*（dilatant）*流體*。線 B 顯示 σ 必須高於某一定值後，$\dot\gamma$（流動行為）始能產生，這一類的流體稱之為*賓漢*（Bingham plastic）*流體*。P、D、N 三線均呈現出當 σ 不同時，流體的流動行為不同，或者是說黏度，η，是 σ 的函數，通稱之為*非牛頓流體*（non-Newtonian fluid）。圖 5-3 是前述四類流體的 $\eta\ vs\ \dot\gamma$ 示意圖。

為了能涵蓋圖 5-10 和圖 5-11 所顯示的不同情形，式（5-1）改寫為冪律（power law）形式：

$$\sigma = K\dot{\gamma}^n \qquad\qquad (5\text{-}28)$$

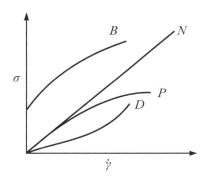

圖 5-10　不同類流體的 $\sigma\,vs\,\dot{\gamma}$ 示意圖　　圖 5-11　不同類流體的 $\eta\,vs\,\dot{\gamma}$ 示意圖

式中：K：常數；

　　　n：是偏離牛頓流體的指數，稱之為非牛頓指數或*流動指數*（flow index）。

對牛頓流體來說：

　　　$K = \eta_0 =$ 無應力或無變形時的黏度＝常數

　　　$n = 1$。

對假塑性流體

　　　$n < 1$

$$\eta_a = K\frac{\dot{\gamma}^n}{\dot{\gamma}} = K\dot{\gamma}^{n-1} \qquad\qquad (5\text{-}29)$$

式中：η_a = 表現黏度（apparent viscosity）

$$= \eta(\dot{\gamma})$$

$$= \frac{\sigma(\dot{\gamma})}{\dot{\gamma}} \qquad\qquad （5\text{-}30）$$

表 5-1 是若干聚合物在不同的變形情況下的 n 值。

表 5-1　若干聚合物熔體的 n vs $\dot{\gamma}$

n　聚合物　　　　　$\dot{\gamma}(sec^{-1})$	PMMA (230°C)	POM (200°C)	Nylon 6/6 (225°C)	PPcop-olymer (230°C)	LDPE (170°C)	PVC (150°C)
10^{-1}	—	—	—	0.93	0.70	—
1	1.00	1.00	—	0.66	0.44	—
10	0.82	1.00	0.96	0.46	0.32	0.62
10^2	0.46	0.80	0.91	0.34	0.26	0.55
10^3	0.22	0.42	0.71	0.19	—	0.47
10^4	0.13	0.18	0.40	0.15	—	—
10^5	—	—	0.28	—	—	—

表 5-2 則是在加工時聚合物熔體的剪切應變範圍。

表 5-2　不同加工方法時的剪切應變

加工方法	$\dot{\gamma}(sec^{-1})$ 範圍
模壓（compression molding）	1　～10
延壓（calendering）	10　～10^2
擠（押）出成型（extrusion）	10^2～10^3（可以低到 10）
射出成型（injection molding）	10^3～10^4

□ 5.5.2　聚合物熔體的黏度與分子結構

從表 5-1 中，可以看出在不同剪切應變時，n 的值經過三個不同的變化區，即是在低和高切應變區，n 趨向於定值，而在二者之間，n 的變化很大。這種情況表現如圖 5-12。

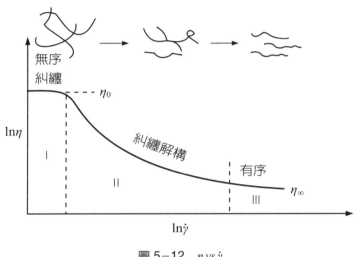

圖 5-12　$\eta \, vs \, \dot{\gamma}$

對於這種現象的解釋是：

1. 在低變形（應力）區，聚合物是糾纏在一起的，故而是以相對大的黏度來流動。在此一區中 $n=1$ 是牛頓流體，稱之為低剪切牛頓流體區。

2. 在第 II 區中，由於速度梯度的存在，分子鏈開始由糾結轉變為有序。第 II 區是分子鏈由糾纏趨向於有序區，也是非牛頓現象最明顯的區。

3. 在分子鏈不再糾纏之後，分子鏈基本上是平行的，其流動行為又恢復到牛頓流體，n 趨向於 1，稱之為高剪切牛頓流體區。表 5-1 中沒有這一區的資料。

根據上述的說明，聚合物熔體的非牛頓行為的來源是分子鏈的糾結現象。如果聚合物分子鏈開始糾結時的分子量為 M_C，實驗發現：

當　$M_W < M_C$

$$\eta_0 = K_1 M_W \tag{5-31}$$

當　$M_W > M_C$

$$\eta_0 = K_2 M_W^{3.4} \tag{5-32}$$

式中：K_1、K_2 均為常數。

表 5-2 是若干聚合物的 M_C 值。

表 5-2　若干聚合物的臨界分子量（M_C）

聚合物	M_C	分子量為 M_C 時，主鏈上的碳數*
PE	4,000	286
天然橡膠	5,000	—
Nylon 6	5,000	291
PVC	6,500	206
Nylon 6/6	7,000	292（氧及氮未計入）
PP	7,000	333
Polybutylene	17,000	607
PS	35,000	673

*假設沒有支鏈。

是以聚合物分子鏈開始糾纏的分子量，基本上是和主鏈的長度有關，例如表 5-2 中前五項。但是當主鏈上有規則的支鏈時（polybutylene）或剛性的側基時（PS），則鏈比較不容易糾纏，非牛頓流體行為出現在分子量比較大的時候。

□ 5.5.3　溫度對黏度的影響

溫度對壓力的影響一般用下式來表示：

$$\eta = Ae^{-\frac{E_\eta}{RT}} \tag{5-33}$$

式中：A：常數；

　　　R, T：氣體常數，絕對溫度；

　　　E_η：黏度活化能。

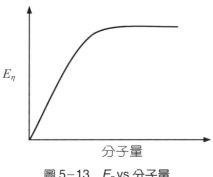

圖 5-13　E_η vs 分子量

如果是同一系列的低分子量化合物，E_η 隨分子量的增加而呈線形增加。依此，由於聚合物的分子量極大，其 E_η 應為無窮大。而事實上

聚合物的 E_η 基本上為定值。這一個事實被用來作為聚合物在運動時是以鏈段,而不是整個分子的型態來移動的證據。聚合物的 E_η 既然和分子鏈段是否容易移動有關,故而其值大小的走向和 T_g 相同。

□ 5.5.4 壓力對聚合物熔體黏度的影響

在前文中,假定了聚合物熔體在流動時是以鏈段為單位移動,回顧討論 T_g 時所引用的自由體積假定,自由體積愈大,則鏈段愈容易移動。也就是說黏度、流動的阻力愈小。而壓力愈大,自由體積愈小,黏度即會愈高。

□ 5.5.5 熔體流動指數,MI

在 5.5.1 至 5.5.4 節中,討論了和聚合物加工關係最大的性質——熔體黏度。基本上可以理解到熔體黏度受:

1.流動狀態($\dot{\gamma}$ 和 σ 的大小)

2.溫度

3.壓力

4.聚合物分子鏈結構　的影響,是一個複雜性極高的性質。在實用上發展出一種簡單、可用但是並不精確的標示聚合物流動性質的方法,稱之為*熔體指數*(melt flow index),簡稱為 MI 或 MFI。

參看圖 5–14,將聚合物置一為恆溫的管中,使成為熔體。管上端放置一恆重,然後測取自管下端每 10 分鐘流出熔體的重量,用公克(gram)表示。此每 10 分鐘流出的熔體公克數,即是該聚合物的 MI 或 MFI。

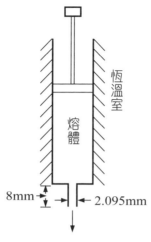

圖 5-14　MI 測定裝置示意圖

表 5-3 是 LDPE 分子量與 MI 的關係。

表 5-3　LDPE MI vs Mn

Mn	MI, gr/10min. @190°C	η_a 190°C, poise
19,000	170	450
21,000	70	1,100
24,000	21	3,600
28,000	6.4	12,000
32,000	1.8	42,000
48,000	0.25	300,000
53,000	0.005	15,000,000

從表 5-3 中可以看出，Mn 改變了 2.8 倍，MI 改變了 34,000 倍，
η_a 改變了 33,333 倍，和 η_a 的變化相當。是以對聚合物的熔體流動來
說，MI 是相當有參考價值的，也是原料供應者所願提供的唯一有關加

工性的指標。

必須要說明：

1. 測取 MI 的溫度和壓力一定要標明。

2. 在利用不同的加工方法成型時，分子量分佈很重要。MI 不能顯示分子量分佈，而原料供應者一般是用射出級、押出級、吹塑級等來標示不同 MWD 適用於不同加工方法的原料。

3. 測定 MI 時的 $\dot{\gamma}$ 一般低於 1，參看表 5–2，加工時的 $\dot{\gamma}$ 值要高很多。或者是說，MI 是在牛頓流體狀態下測定的，不能反映聚合物熔體的非牛頓性行為。一般說來，聚合物的 MI 愈小，其非牛頓行為愈明顯。

表 5–3 同時也顯示出，Mn 增加，分子鏈長增加，分子鏈之間糾纏的程度大幅增加，其熔體流動的困難度亦大幅度的增加。

5.5.6 結語

在絕大多數聚合物加工的過程中，均涉及聚合物熔體的流動，在這一節中討論了聚合物加工過程中最重要的性質，熔體黏度。因為影響流動最重要的性質就是黏度，故而黏度亦稱之為*加工性*（processibility）。聚合物熔體的黏度，是會隨流動或受力的情況而改變，稱之為非牛頓流體。一般是流動或受力的狀態愈嚴苛，黏度會降低得愈多。聚合物熔體具有非牛頓性流動行為的原因是：聚合物具有糾結在一起的長鏈。故而分子量愈大（鏈愈長）、鏈的柔性愈高，其非牛頓性愈高。MI 或 MFI 是一種有用的熔體流動性指標，但是同時也要理解到 MI 的侷限性。

同時，在6.2節中將說明在流動的過程中會有剪切熱（shear heat）的產生，成為影響黏度的另一因素。即是聚合物熔體的流動行為非常複雜。

複習

1. 聚合物在受力時呈現彈性、黏彈性、和黏流所發生的變化。

2. 說明下列各項：

(a)應力鬆弛；

(b)蠕變；

(c)鬆弛時間；

(d)Maxwell model；

(e)Voigt model；

(f)耗損角；

(g)正切耗失，loss tangent；

(h)貯能模數和耗失模數。

(i)牛頓流體

(j)假塑性流體

(k)流動指數（flow index）

(l)MFI（melt flow index）

討論

1. T_g 高和低的兩種聚合物，何者的蠕變現象比較明顯？何者的鬆弛時間比較長？詳細說明原因。

2. 比較橡膠類、塑膠類和人纖類聚合物的鬆弛時間，討論為什麼要用橡膠類製作車用輪胎。

3. 討論用流體力學來計算聚合物熔體流動行為的困難。

4. 比較下列，何者熔體的非牛頓性比較顯著？

(a) T_g 高與低的聚合物，假定主鏈上的碳數相同；

(b) 同一聚合物，分子量高的和低的；

(c) 同一聚合物，平均分子量相同，支鏈多的和少的。

5. 在第四章中，從不同材料內聚能差異的觀點出發，討論了不同聚合物在靜態下的相容性。本章討論了聚合物的流動。同一種聚合物，當分子量差距很大時，是否會在高速流動的情況下分離？請詳細說明您的理由。

高分子材料導論

Chapter 6

聚合物的加工成型

本章將討論：

- 將材料做成一定形狀產品的過程和費用。
- 熱塑類聚合物的成型。
- 熱固類聚合物的成型。
- 從加工的成本出發，討論聚合物材料的優勢。

6.1 加工成型通論

在本節中將討論：

- 將材料製作成具一定形狀產品的過程。及
- 成型過程中所發生的費用。
- 聚合物的成型過程。

6.1.1 成型的過程

以下，依據金屬及玻璃的加工，將加工的過程，區分為三種基本類型：

- 第一型是鑄造（casting）型，是在材料可變流動的狀態下，注入模（mold）中，模中的空隙（或當材料流入模中時，模內因受熱流失的部份，產品的形狀和流失材料原佔有的形狀相同，即失蠟（loss wax）鑄造）即是產品的形狀。這是不連續的批式（batch）生產方式。
- 第二型是鍛造（forging），是在材料可以變形（但不一定要流動）

的情況下，施力使材料成為需要的形狀。其最基本的型式即是打鐵。由「打鐵」衍生出來的是在模中「沖」出所需的形狀（沖床），是批式生產。如果產品的形狀對稱，例如鋁門窗、鋼筋等可藉由模頭（die）的擠壓使材料變形，例如生產鐵線、鋼筋、和鋁門窗擠型。是連續生產。

- 第三型是機械（mechaining）加工型，即是藉由切、割、鑽和磨等操作來將材料做成所需的形狀。此一類型的中間產品，例如板材的切割和磨光，可以連續生產，但終端產品是批式生產出來的。

　　前列三種加工過程比較如下：
- 加工的溫度：第一型高於第二型，第二型高於第三型。
- 加工的壓力以第二型為最高。
- 產品的精確程度，第三型高於第二型，再高於第一型。材料會熱漲冷縮，第一型加工的溫度最高，收縮率也高，產品的尺寸和模型尺寸的差異大。
- 第一和第二型均需要模具（tooling）。
- 第一型和第三型均可製造出形狀複雜的產品；而第二型能生產形狀相對簡單且形狀對稱的產品。
- 完成一件產品的成型週期，第二型最短，第一型次之，而第三型長很多。為了減低成型週期所需要的時間，第三型加工過程常以第一或第二型加工過程的產品作為毛料開始，例如用第一型加工所得的鑄件作為加工的材料。

□ 6.1.2 成型的費用

除了原料和修飾（電鍍、表面拋光等）費用之外，比較成型的費用的主要基礎包含下列三項：

第一項是成型週期的長短，短的成型週期代表每件產品佔用設備的時間短，分攤到的水、電和設備折舊費用低，人工費用也低。是以增加生產速度，減短成型週期是製造業的共同目標。

第二項是模具費用。幾乎所有的生產用模具均是由第三型加工過程所製造出來的，費用高。其價格由下列因素來決定。

- 使用模具來生產產品時的溫度和壓力，即是模具所需要承受的溫度和壓力；要求愈高、對模具材質的要求愈高，模具的加工費用愈高。
- 對模具精密程度的要求，要求愈高，費用愈高。
- 模具愈大，相對應的費用以幾何級數上升。

模具費用是要分攤到每件產品上，模具可使用的週期和下列因素相關

- 模具的材質，加工的溫度和壓力愈高，對模具材質的要求愈高，則模具的費用愈高，例如錳鋼模的壽命遠高於銅模。
- 使用的情況，即是操作時是否會細心的減低對模具的損耗。
- 對產品精密度或外觀的要求，要求愈高，模具的壽命愈短。

當產品的數量不大的時候，由於產品的數量小，每件產品分攤到的模具費用高，模具費用對產品成本的影響極大。這些產品包括飛機、高價的汽車、船等。

第三項是：是否需要後續的組裝工作，即是一次成型的費用一定

低於需要再次組裝的費用。即是，可以一加工生產出形狀複雜而不需要再組裝和加工的生產過程，成型總費用低。

　　本節的內容，是本章後續討論聚合物材料和其它材料競爭力的基礎。

　　天然材料，例如木材、石材等，只能用第三型的方式成型，成型費用高。

6.1.3　聚合物的成型過程

　　聚合物的成型，和上述金屬或玻璃材的加工過程的原則是相同的，基本分為兩類：

　　第一類是射出成型（injection molding），即是將可以流動的聚合物，加壓注入到模中成型，於定型後取出。熱塑類和熱固類的定型過程雖然不同，熱塑類在模中是降溫，而熱固類是昇溫完成交聯。其基本過程和前述的第一型鑄造是相同的。

　　第二類是和前述第二型鍛造過程基本相的擠出成型（extrusin），即是將處於不可逆變形狀態下的聚合物（黏流態），流經模頭成型，然後再定型，定型的過程和射出成型相同。所得到的產品包括終端產品例如管材，以及二次加工的材料例如片材。二次加工的過程和金屬加工的沖床相同。

　　6.1.2 節所討論的成型費用概念，完全適用於聚合物加工。

6.2　熱塑類聚合物的成型

　　熱塑類聚合物成型的第一步，是將聚合物由黏彈體態轉變為黏流態，本節從如何將聚合物從固態轉變為熔體開始，依次說明：射出成型、擠出成型、二次加工成型、聚合物的性質和加工過程之間的關係，以及熱塑類聚合物加工過程的優點。

❏ 6.2.1　從固態到熔體

　　圖 6-1 是*擠出機*（extruder），不包含模頭（die）的示意圖。這是將固態的聚合物轉換為熔體最主要的裝置。

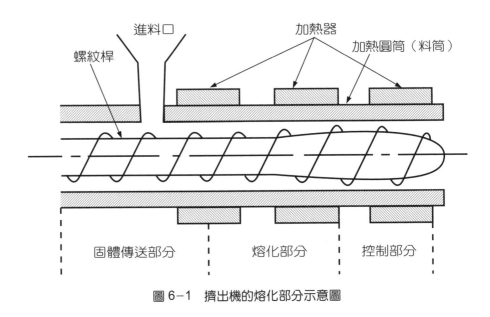

圖 6-1　擠出機的熔化部分示意圖

　　設備的硬體主要包含：

1. 料筒（cylinder）及包覆在外面的電熱和溫控儀器。

2. 螺桿（screw），其基本功能是將聚合物及其熔體自左向右轉送。

3. 未顯示在圖上的有位於左端的電馬達和變速箱（gear box），以及右端的濾網（filter）。

在功能方面：

1. 原料自進料口（hopper）進入到料筒，吸水量高的聚合物在進入進料口之前需要先乾燥。乾燥可以在進料口內進行，或是在進料口之前的乾燥器（dryer）中完成。

2. 聚合物在進入到料筒之中以後，由螺桿帶動由左向右移動，這是固體傳送區（solid transportation）。

3. 受到電熱，固態逐漸熔化，這是熔化（melting）部分。螺桿的螺紋深逐漸變淺（傳送面積減少）。在後文將要比較詳細的說明，大部分的熱能是來自聚合物熔體流動時所產生的熱。

4. 在熔化區之後是*控制區*（metering），螺桿螺紋的深度在這一部分最淺。這一區基本上會增加和控制熔體的流速，以發展出將熔體擠出（經過或不經過模頭）所需要的壓力，以及流速。

5. 如果調整螺紋的設計，熔體除了平行於螺紋溝的流動之外，亦可以有與此流向垂直的流動，換句話說，即是亦可具有混合（mixing）功能。

以下將說明熔體在流動時產生熱的現象。

功的定義是：

$$功率＝力 \times 在力方向的速度$$

$$\text{剪切力}\tau = \eta\,\dot{\gamma}A$$

$$= \eta\frac{dv_x}{dy}$$

A 為施力的面積

而在力方向的速度是 $\dfrac{dv_x}{dy}h$，h 為流體的厚度。

所以在流動時所做的功率，或是單位體積所產生的**剪切熱量**（viscous heat）：

$$\text{單位體積之熱量} = \eta\left(\frac{dv_x}{dy}\right)^2 \tag{6-1}$$

所以熔體在流動時所產生的熱，

1. 和速度梯度，或是螺桿轉動的轉速的平方成正比。
2. 和熔體的黏度成正比。

由於黏度和速度梯度以及溫度成反比，故而實際產生的熱量比由式（5-8）計算所得的要少。在實務上，擠出機 50% 以上的熱能來自剪切熱，即是由機械能所轉換來的熱能。

剪切熱具有下列效應：

1. 它不受料筒內表面積的限制，而是在熔體的內部產生。由於料筒內部的表面積（電熱的傳熱面積）和內徑的平方成正比，而體積則是和內徑的立方成正比；相對之下，料筒愈大，由熱傳所引入熱量的比例愈少，而摩擦熱的重要性增加。曾有報導總熱量的 92% 是來自摩擦熱。

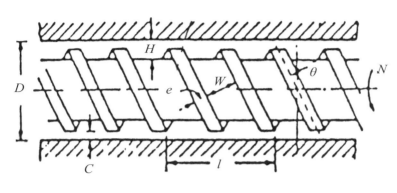

(a)透視圖

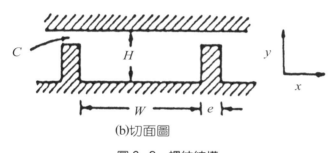

(b)切面圖

圖6-2　螺紋結構

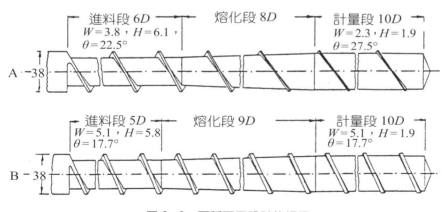

圖6-3　兩種不同設計的螺桿

2. 摩擦熱是由流動而產生的，故而是產生於熔體的整體內部的。其所引起最主要的問題是，由於熔體是層流，而且聚合物的熱傳導係數很低，故而會引起很大的溫差。在大型的設備中，有在螺桿中通以冷卻水的裝置。同時為了平衡溫差，螺紋一般均有一些混合的功能。

在使用不同的加工法處理不同的聚合物時，設計均不相同。圖6-3是若干標準螺桿的示意圖。

參看圖6-3螺桿設計，有不同的長（L）直徑（D）比，L/D的比值一般在18至28之間，圖6-3的L/D比值為24。不同的聚合物，各段的長度，螺紋的斜角θ、溝寬W和溝深H均不同。

螺桿所能發展出來的壓力，和流量成反比。即是同一螺桿，如果聯接在前端的模頭需要大的壓力差才能使聚合物熔體流過，則流量少；如果比較小的壓力差即可使聚合物熔體流過，則流量會比較大。

而流量則是和：

1. 螺桿的轉速成正比。
2. 螺紋溝的深、寬以及斜角成正比。
3. 跨模頭（將熔體擠出模頭）所需要的壓力差成反比。

轉動螺桿所需要的動力是與：

1. 熔體的黏度成正比。
2. 轉速的平方成正比。
3. 跨模頭的壓力差成正比。

圖6-4中，A和A'代表牛頓和非牛頓流體在流經模頭時$\Delta P \, vs \, Q$

的關係線，稱之為*模頭特性線*。B和B'是牛頓和非牛頓流體在線桿中的Q *vs* ΔP關係線，稱之為*螺桿特性線*。二特性線的交點稱之為*操作點*（operating point），是理論上的最佳操作點。

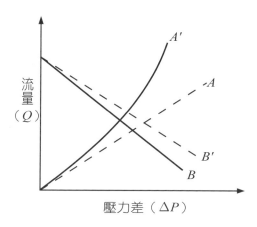

圖 6-4　牛頓及非牛頓流體的螺紋及模頭特性的示意圖

在ΔP相同時，非牛頓流體在模頭中的流量要大於牛頓流體；螺桿亦是如此。同時，由於熔體在模頭中的流速比較快，故而其非牛頓性更為明顯。

□ 6.2.2　射出成型（injection molding）

射出成型是將聚合物製作成形狀精密產品的最主要的方法，是將聚合物熔膠擠入到一個模子之中冷卻定型。它是不連續性的生產方法，加工設備略如圖 6-5。

6.2.2.1　過程

加工過程（cycle）包含下列各動作，而在模內的壓力變化如圖

6-6。過程如下：

1. 模具最少是由兩個半模所組成，半模 1 的位置是由油壓所控制。步驟(1)即是用油壓將半模 1 推至與半模 2 合模的位置。

2. 射出機自右向左移動（利用油壓），使其射嘴與模口密合。

3. 利用螺桿向左移動，而將一定量的熔膠注入到模中去。每次所能注入最大的量代表該射出機的大小，一般用英啢表示。

4. 在熔膠充滿模內之後，射出機與模繼續接觸，以維持一定的壓力，直至模內的熔膠冷卻而不會回流為止。

5. 射出機向右移動。

6. 半模 1 由油壓機推向左方，在半模 1 和 2 之間取出產品。

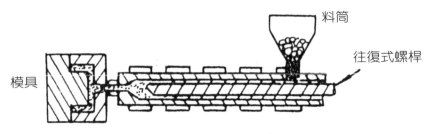

圖 6-5　射出成型示意圖

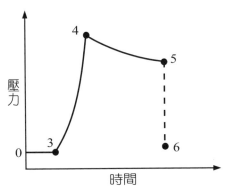

圖 6-6　熔膠在模內的壓力變化圖

以上由 *1.* 至 *6.* 為一加工週期。射出成型最基本的要求是要將熔膠填滿模子，而熔膠在模中的流動和：

　1. 熔體的黏度（黏度低的聚合物是所謂的加工性好的）。

　2. 模的溫度。

　3. 由射出機所提供的壓力

　等三因素有關。

　　圖 6-7 是溫度和壓力與產品成型的示意圖。

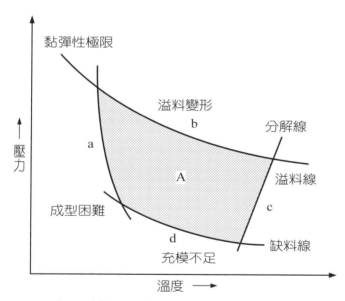

A─成型區域；a─流動不良表面不良線；b─流動容易溢料線；c─分解線；d─壓力太低導致缺料線

圖 6-7　模壓成型分析圖

1. 線 a 代表低溫故而流動不良的線，由於流動不良，故而表面會有不平的現象。

2. 線 b 是高壓和高溫，熔體的流動容易，導致熔體會自二模相接處溢出。

3. 線 c 為高溫、高壓，聚合物有分解的可能。

4. 線 d 是壓力不足，而導致填不滿模。

5. 斜線的 A 區是可加工區。

工業對加工的要求是快速，以下分別說明模具設計和加工條件對生產速度和產品品質的影響。

6.2.2.2　模具設計及產品設計

熔膠是從模的中央流向各部，而且在很多種情況下，模中有多個產品，為了使熔體能同時填滿全模，故而模內需要填滿的部分是以熔膠進入模的進料口為中央對稱的。這是模設計的首要原則。產品在模內冷卻，薄的部分冷得快，厚的地方冷得慢，表面冷得快，內部冷得慢。如果在未完全冷卻前，射出機後退（壓力消失），則未冷卻部分的熔膠會回流而造成因料不足而生成的*陷痕*（sink mark），如圖 6-7 所示。是以產品需要厚薄均勻，以達到能均勻冷卻、快速脫模的目的。

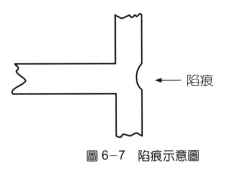

← 陷痕

圖 6-7　陷痕示意圖

是以產品設計的第一準則是厚薄均勻。以圖 6-8 為例，為了強度的要求，如果需要如(a)的厚度，可以厚度薄而數量較多的肋條（rib）來達到相同的效果，而薄的冷卻速度快，加工週期短。

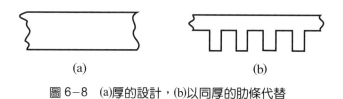

(a)　　　　　　　　　　　(b)

圖 6-8　　(a)厚的設計，(b)以同厚的肋條代替

模的移動方向是水平的，如果產品與模是完全平行的，在脫模時和模分離困難。故而產品要避免 90°的垂直面，以及銳角，同時表面上要平而不能有凸出或凹下部分，以便易於脫模。這是產品設計的第二準則。如果必須要垂直面、凸出或凹下部分，則一般用多片模來處理如圖 6-9 所示，即是模具是由 6 片模板所構成，注入時 6 片模合在一起接受聚合物熔體，冷卻後上、下、左、右四片模先後退，左模再後退，產品脫模。坊間裝飲料的 HDPE 籃子即是一例。

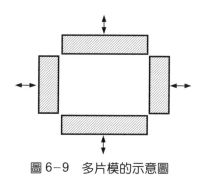

圖 6-9　　多片模的示意圖

6.2.2.3 加工條件對產品品質的影響

聚合物熔體在模中流動，其分子沿流動方向排列，這是一種延伸行為，故而在流動方向的強度，高於垂直於流動方向的強度。圖6-10是非結晶 PS 在不同延伸度，與延伸方向平行和垂直的強度。而結晶聚合物所顯示的差異更大。

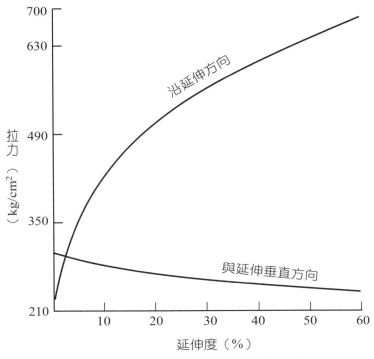

圖 6-10　射出成形 PS 拉力與延伸的關係

加大壓力和降低模溫看起來是加快成型速度最簡便的方法。對結晶聚合物來說，冷卻的速度太快有延後產品完成結晶的可能，其後果

很可能會使得產品在脫模後收縮及變形。這是快速冷卻所能造成可以目視到的負面效果。目視所看不到的負面效果是在產品內殘留有*凍結應力*（frozen stress）而使得產品變脆，有如沒有退火的玻璃（退火後的玻璃稱之為強化玻璃）。

　　參看 5.1 節，聚合物受力時，分子重新排列，在外力取消後，分子再回歸原來的無序狀態。聚合物流體在流動時，分子重新排列，而在流動停止後，重歸於無序排列。這種回歸原態的作用力與受力（流動）的情況成比例。如果冷卻的速度太快，聚合物的分子來不及回歸原態而仍保有回歸原態所需要的位能，是為凍結應力。凍結應力會大幅減少產品的強度。

　　加工條件對產品另一個重要的影響是產品的*收縮率*（shrinkage）。熔膠在模中冷卻，體積必然會減少（熱脹冷縮）；體積同時也受到壓力的影響，壓力大則體積小。是以在成型時，如果能在高壓之下冷卻，則收縮率會減少。

　　在製造精密產品時，業者會：
1. 參考收縮率將模做得大一點，以補償收縮。
2. 在可能的範圍內加入填充料以減少收縮。
3. 加大成型時的壓力，和延長加壓的時間（圖 5−15 中的 4 至 5 段）。

　　總結來說，「慢工出細活」，生產速度和品質是不相容的。

□ 6.2.3　擠出成型

本節依次討論：擠出成型，抽絲、扁平絲和雙軸向延伸和吹膜和延壓，以及將連續式擠出成型方式作一些改變的吹塑，和二次加工的熱成型。

6.2.3.1　擠出成型

擠出成型是連續式的加工方法。參看圖 6-1，熔膠從模頭中擠出，保持了模頭內開口的形狀。

模頭設計的重點，是要能使熔體均勻的自模頭中流出，均勻的涵義包含流量、熔膠的溫度以及所受到的壓力。這些因素都會影響到產品形狀和品質的均勻。

生產者均追求生產的速度。參看圖 5-12 和 5.5 節，擠出的速度愈快則熔體在模頭的 $\dot\gamma$ 愈大，聚合分子排列的改變愈大；當熔體流出模頭之後，$\dot\gamma$ 恢復到零而分子趨向於恢復原來的無序排列，在模頭流速愈快，$\dot\gamma$ 值愈大，分子重新排列的幅度亦愈大。這種分子重新排列的過程會使得擠出產品變形。嚴重的情形稱之為 *melt fracture*，情況比較不嚴重時稱之為 *模口膨脹*（die swell）。圖 6-11 是這二種情況的示意圖。

擠出成型，無法在 melt fracture 情況下操作，但是非要在模口膨脹的情況下操作，因為只要是聚合物熔體，在流動的時候分子就會重新排列，在停止流動時就會膨脹（swell）。分子鏈愈長、T_g 愈低，非

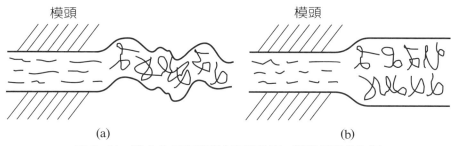

(a)   (b)

圖6-11 聚合分子在模頭中有序排列，離開模頭後恢復

無序排列而造成：(a)melt fracture 或(b)die swell

牛頓性就愈顯著，模口膨脹就愈明顯。為了克服模口膨脹以生產精密度高的產品，一般會在模頭之後裝設定型裝置。

在人造纖維抽絲時，如果要異形絲，其抽絲孔的形狀會作一些改變以補償模口膨脹，如圖6-12所示。

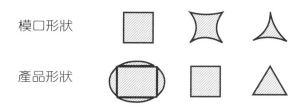

圖6-12 擠出成型模口與產品形狀示意圖

擠出成型是應用最廣的加工方法。

6.2.3.2 抽絲

人造纖維的抽絲基本上是擠出成型，和一般管材或片材的生產相比較，抽絲有如下的特點：

1. 抽絲的操作，一般是在聚合反應之後，聚合物在黏流態時立即進行（生產成本最低），故而聚合物已是熔體，是以在*抽絲孔*（spinnet）之前只需要擠出機的計量部分。

2. 抽絲的速度極高，可以高到每分鐘 8,000 公尺左右，同時一定有延伸的要求。故而對捲取部分機械和電機的要求非常高。

   抽絲頭的設計、捲取設備、專業性非常高。

6.2.3.3　扁平絲及雙軸向延伸

如果擠出機的模頭內部為扇形（T 模頭），擠出的產品為膜，當捲取的速度大於擠出的速度，膜中的分子即會依變力方向排列，降溫後所得的產品是由未延伸聚合物將延伸所得纖維黏在一起的片狀產品，此即扁平絲（flat yarn），是將結晶聚合物不完全單向延伸所得到的產品。

目前扁平絲以 PP 為主要，用於包裝袋、帶和蓬布。

PP 在流出 T 模頭之後，在橫、縱雙向延伸，即得到在 x 和 y 向均因延伸而增強的雙軸向延伸 PP 膜（bi-axial oriented pp, BOPP）。由於結晶粒子小，BOPP 是透明的高強度膜，用包裝。

雙軸向延伸的生產設備精密度高。

6.2.3.3　吹膜

吹袋（film blowing）的生產裝置如圖 6-13，熔膠自一環形模頭中擠出後，由壓縮空氣橫向吹大，吹大後的直徑與模頭直徑之比稱為吹袋比（blow ratio），同時捲取對塑料加以直向的拉力。是以在吹袋

的過程中，聚合物同時受到橫和直兩個方向的延伸。在袋外有空氣冷
卻，影響到延伸的情況，和結晶的狀態。是以吹袋是一個複雜性比較
高的操作。圖 6-14 和圖 6-15 是部分操作變數對性質的影響。

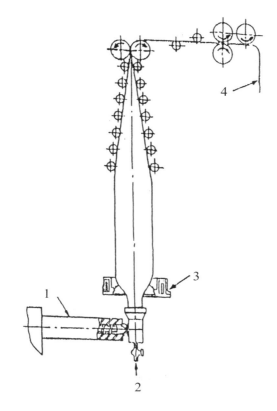

圖 6-13　塑膠吹袋裝置圖

1—擠出機；2—模頭；3—冷卻空氣；4—捲取

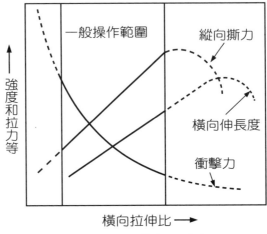

圖 6-14　吹袋比 vs 強度

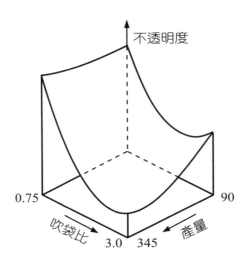

圖 6-15　產量（速度）、吹袋比 vs 透明度

6.2.3.4　吹塑成型（blow molding）

　　吹塑成型是聚合物非連續性的重要加工方法，主要用來生產中空

的產品，例如瓶子之類的產品。圖 6－16 是用擠出機吹型的示意圖。
過程包含下列各步驟：

　　1. 自擠出機擠出中空的型坯，此一型坯放置於一吹塑模中。

　　2. 型坯脫離擠出機，合模，由模的下方通入壓縮空氣，將型坯吹
　　　大，充滿內模。

　　3. 冷卻後，取出中空的成品。

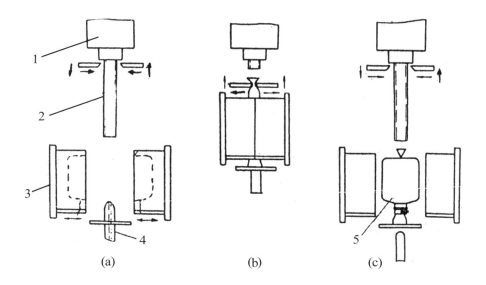

(a)　　　　　　　　　　　(b)　　　　　　　　　　　(c)

圖 6－16　擠出吹塑機械及其成型過程

1—型坯機頭；2—型坯；3—吹塑模具；4—進氣桿；5—製品

　　另一種吹塑的方法，則是用射出成型機，先製造型坯，然後再將
型坯加熱，在吹塑模中自上方伸入吹管，先將型坯伸長，然後再壓縮
空氣吹製成型，如圖 6－17 所示。

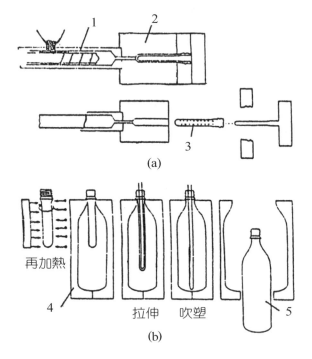

(a)型坯射出成型；(b)型坯再加熱與拉伸／吹塑

圖 6-17　兩步一拉一吹的過程

1—射出機；2—型坯模具；3—型坯；4—拉伸／吹塑模具；5—容器

二者相比較，圖 6-17 所顯示的方法具有：

1. 型坯的精確度高，故而所生產出來的產品比較均勻。

2. 拉和吹的過程控制得比較精確。

3. 由於二次加熱，溫度的控制亦精確。

此一方法用於生產保持瓶等要求高的產品。

吹塑的產品以瓶狀的容器為主，但也可以生產形狀不對稱的產品。今日汽車油箱多半是吹塑之後再交聯的 HDPE。

6.2.3.5　延壓（calendering）

*延壓*是生產片材的方法，主要用於生產PVC的人造皮和厚膜及片材。其加工過程如圖 6-17。

由押出機所擠出的熔體（由於不需要經由模頭成型，故模頭的ΔP極小，流量Q大）在熱滾筒之間延壓成一定厚度的片材，再經過冷卻和捲取。在這個過程中，滾筒對熔體施以壓力，這種壓力和聚合物熔體的黏度和熔體厚度的三次方成正比。同時自身也受到反作用力而變形，造成片材中間厚兩邊薄的後果。傳統上使用將滾筒略為交叉的方式來補救。

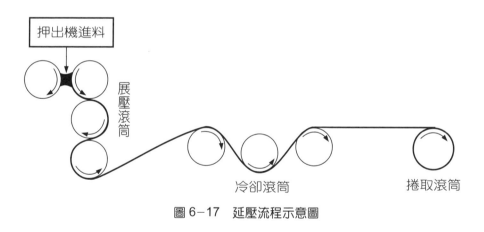

圖 6-17　延壓流程示意圖

這一類的設備，亦用於印花、上膠、製作複合片材或膜。圖 6-18是上膠過程示意圖。

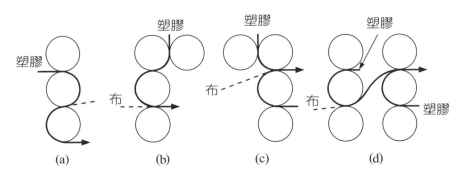

圖 6-18　上膠裝置(a)及(b)單面上膠，(c)及(d)雙面上膠

6.2.4　熱成型

由擠出成型所得到的片材，可以經由**熱成型**（thermal forming）或**真空成型**（vacuum forming）而製成不同形狀、精確度不是特別高的產品，例如冰箱的襯裡，和糖果盒內的盛器等。這兩種成型方法如圖 6-19。即是將已預熱的聚合物的片材，藉由模壓、氣壓、或真空的方式，使片材取得模的形狀。基本原理和金屬「沖床」近似。

射出成型的模溫低，聚合物熔體一方面在模中流動填滿模內空間造型，同時也在降溫從黏流轉換為黏彈體。當產品的表面積大，而厚度小的時候，聚合物熔體在模中降溫的速度快（傳熱的面積大，距離短）、聚合物流動困難，而不易將模填滿。如果一定要用射出成型來製造大面積的薄產品，只能提高模溫來減少聚合物熔體在模中降溫的速度；如此做會大幅度加長成型週期。

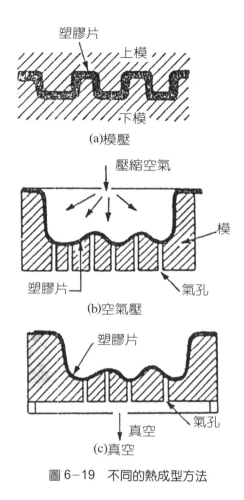

圖 6-19　不同的熱成型方法

熱成型的優點有：

1. 可以製出大型（或〔表面積／厚度〕比值大）、而射出成型非常
　不容易做到的產品。

2. 模具簡單而且便宜。

3. 如果模具的傳熱快，生產速度可以很快。

其缺點是：

1. 由於成型過程是將一塊厚度相同的片材，壓或延展至不同的形狀，故而產品厚薄不均勻。即是產品的渾度大時，產品的厚薄差異大。

2. 產品的精密度不高。

6.2.5 聚合物的性質與加工

聚合物中唯有 PE 可以使用在本章所陳述的所有的加工方法，同時市售的 PE 有：射出級（injection molding grade）、抽絲級（mono-filament）、吹塑級（blow molding）、吹膜級（film）和管材（pipe）等。這表示不同的加工方法對聚合物的性質有不同的要求。在本節中試圖說明聚合物的性質與加工方法。在說明的過程中，將以 MI 來代表分子量的大小和流動性質。

射出級的 PE，要滿足快速加工的要求，故而 MI 高（分子量低）是優點，其平衡點在產品所需要的強度。分子量低的 PE，強度低、脆，容易破裂。同時射出成型產品比較厚，原料中包含一些由聚合不良所造成的凝膠（gel）影響不大；分子量分佈的寬狹，也影響不大。射出級 PE 除了對 MI 之外，沒有其他嚴格的要求。

抽絲級由於抽絲的速度高，需要熔體的黏度高一些；抽絲孔的模口小，如果有雜質即會斷絲；同時原料的性質必需均勻，是以分子量分佈要狹一些，以求得流動性質的均一性，同時不能含有凝膠和其他雜質，是要求比較嚴格的。

管材有兩項要求，一是管必需要承受一定壓力和重量，故而必需要有一定的強度，或是說分子量要夠高或是 MI 要低；另一則是熔體在離開模頭之後要能保持形狀而不能變形太多，是以熔體黏度要高或是分子量要大或是 MI 要低。要平衡的是成型的速度，MI 太低則成型慢。

　　對吹膜 PE 的要求是能吹得愈薄就愈省材料。要能吹得薄而不破，熔體的黏度和分子糾纏的程度就要愈高，或是分子量要高或 MI 要非常低。如此，加工就會變得非常困難。如果分子量分佈寬，PE 中就含有低分子量部分，這些低分子量 PE 的黏度低，在受同樣的力時，流動比較快而趨向於集中在表面；如此，即相當在熔體的表面存在一層容易流動的潤滑層，而減低了流動的困難，增加了加工的方便性。故而吹膜級 PE 的 MI 低（平均分子量可以高到 300,000），MWD 高（在30 或以上）。同時原料中不能有任何凝膠等雜質。吹塑 PE 的要求和吹膜級相同，但程度上要寬得多。

　　PE 系列的產品，射出成型級價格最低，單絲（monofilament）和吹膜級的價格最高，其原因即在此。

　　從以上的敘述中，我們可以理解到不同的加工方法需要嚴寬不同的性質要求；同時所有的要求都必需和加工性取得平衡。

　　加工密切相關的性質有：
・平均分子量直接影響熔體的黏度，而黏度即是加工性。
・分子量分佈 MWD。當平均分子量相同的時候，MWD 寬的含有比

較大比例的低分子量組份，在受力流動時，分子量低的移動得快，而趨向集中於表面，即是和加工設備接觸的面；是以阻力比較小，加工比較容易。

原料供應商一般只提供MI，有關分子量分佈的資訊則完全隱藏；加工業者只能從不同用途的的類型中去推估。

□ 6.2.6　熱塑類聚合物和其它材料的比較

在本章中提及了熱塑類聚合物的一些主要加工方法，各種加工法一般生產的產品是：

注射成型：一定形狀的產品，具高精密度。

擠出成型：管、片、帶、型材，以及電線包裝等。

熱成型：以片、板材為原料，製作一定形狀的產品，精密度不高。

延壓成型：片、膜。

吹塑：中空產品。

吹膜：薄膜。

在 6.1 節中所討論的加工過程，只有金屬材料可以適用所有的三種過程，木、竹、石等天然材料只適用第三型的機械加工。而聚合物基本上是適用第一型的鑄造（射出成型）和第二型的鍛造（擠出成型）。和金屬材料相比較，聚合物材料的加工過程具有優勢。

• 第一個優勢是加工的條件（溫度、壓力）比金屬材料溫和，是以模具等加工費用要比金屬低。

• 可以一次成型做出型狀複雜的產品，例如盛物框籃，而不需要再加

工。

・射出成型可以一次生產出精密度很高的產品例如光學鏡頭和光碟。熱塑類聚合物和金屬材料相比較，其耐溫、耐磨損和強度，不及金屬材料。

6.3 熱固類聚合物的成型

熱固類聚合物包含有：

1. 除熱可塑彈性體以外所有的橡膠或彈性體。
2. 環氧、不飽和聚酯、酚醛樹脂、三聚氰氨、尿素和部分矽樹脂等。

本節將先說明熱塑和熱固類聚合物在加工時的差異、再說明在加工原則上和熱塑聚合物是相同的加工方法，以及熱固類聚合物特有的加工方法，以及和金屬材料的比較。

6.3.1 熱固類聚合物的加工特性

熱固類聚合物在完成交聯之後，是完全定型不能熔化的材料，故而一般是在聚合物為預聚物（prepolymer）的階段來加工，預聚物是分子量低的聚合物，在室溫時為流體或低熔點的固體，而交聯反應是在成型階段進行。這和熱塑類聚合物在加工時不涉及化學反應（有極少數的例外）是不同的。基於這一個差異，熱固類聚合物的加工有下列特性：

1. 加工的第一個步驟一定是*配料和混合*，因為原料之中至少要加入能使交聯反應開始進行的起始劑，以及具有不同功能的添加料。

熱塑類可以利用*色母*（color master batch）等在熔化階段完成添加料的混合而不需要將混合單獨作為一加工步驟。

2. 熱塑類加工時，是在較高的溫度形成能流動的熔體，在成形時流入溫度較低的模、或是在離開模頭之後冷卻，即溫度是由高至低。

　　而熱固類則由於交聯的要求，故而模溫高於原料的溫度、或是成品在脫離模頭成型之後要再加熱提高溫度。溫度由低至高。

3. 在模中，熱塑類只有散熱問題，而熱固類則同時有由交聯而來的反應熱產生以及散熱兩個問題。

4. 在交聯反應時，分子作大幅度的重組和排列，因而引起收縮和變形；交聯反應的速度愈快，變形愈大。變形和散熱是限制成型速度的兩大主要因素。熱固類的成型速度低於熱塑類。

5. 由於生產週期長、生產速度比較慢，對相同的產量來說，熱固類所需要的生產設備包含模具均遠高於熱塑類，是以熱固類的加工費用遠高於熱塑類。

　　由於所需要的模具多，在改變產品時的靈活性亦遠低於熱塑類。

6. 加工業者必需對交聯過程等有深入的瞭解，才能掌握到製造品質優良產品的技術。熱固類加工業的技術含量要比熱塑類高。

□ 6.3.2　模壓、射出和擠出成型

　　本節中所討論的是加工的基本過程和熱塑類相同，包括模壓、射出成型和擠出成型。

　　模壓（compression molding）是生產大型、而且精密度高熱固類聚合物製品最主要的方法，其設備如圖 6-20。產品種類包括：

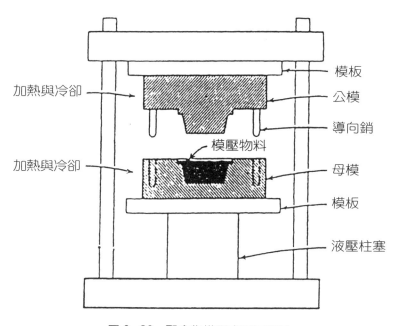

圖 6-20　聚合物模壓成型示意圖

1. 輪胎。
2. 印刷電路板，用平板模。
3. 門板、浴缸、大型平面建材。

　　在生產輪胎時，其公模為一用耐高溫矽橡膠所製造的中空球體，在合模之後，在球體內充氣，利用氣體的壓力使原料填滿母模內的溝紋而成型。為了減少在模中的時間，一般是在交聯未完全完成時脫模（轎車胎約為 12～15 分鐘），然後在沒有壓力的狀態下，以比模壓低的溫度、用比較長的時間來完成交聯，這種後熱處理的過程稱之為 *post cure*。如本節開始時所敘，交聯時會引起產品的收縮和變形，太早自模內將產品取出，取出時產品的交聯度不夠高，會使得產品變形。

　　熱固類聚合物在交聯時分子會重組及排列，由此而引起收縮，收縮的多少和分子重組排列的程度成正比。是以同一種聚合物，使用：

1. 分子量相同，但分子鏈上可交聯官能基數量少的，其交聯密度小，收縮率低。

2. 分子鏈上官能基的總數相同，則長鏈（分子量大的）的收縮率低。

　　變形是由收縮所引起的，或者說是由不均勻交聯所導致的。而交聯不均勻最主要的原因是混合不均勻，即是引發交聯反應的起始劑（交聯劑）在原料中分佈不均勻。在橡膠加工業中，如何將配料均勻的分散在橡膠中是非常重要的課題。

　　由不均勻混合所導致的不均勻交聯另一個更嚴重的後果是，由於產品的強度和交聯密度成正比，故而使得產品各部分的強度不同；在使用時，產品將會在最弱的部分先破裂而導致整個產品破裂。即是：產品的強度僅相當於其最弱部分的強度。這是若干外觀看起來差不多的產品，但是使用壽命相差極多的原因。

　　精密度要求高而體積小的熱固聚合物產品是由射出成型方式生產。和熱塑類不同的是，料筒的溫度比模溫要低。這一類的產品以IC和半導體封裝為主。這是由於用於封裝的環氧樹脂的交聯（硬化）速度，可以調到在10秒之內，同時產品的體積小，散熱相對問題不大。交聯速度慢的材料，由於原料在料筒內停留的時間長，控制困難。

　　擠出成型用於連續式生產熱固類聚合物產品，例如：

1. 內胎。

2.電線、電纜。

3.汽車門窗的封條等。

　　產品在離開模頭之後進入溫度比料筒高的硫化（對橡膠來說）交聯區。模口膨脹現象在擠出成型中很明顯，控制模口膨脹在一定範圍之中是生產作業的重點。

□ 6.3.3　強化聚合物材料的加工

　　熱固類聚合物的加工費用比熱塑類要高很多，是其相對的弱點；但是其強度和耐溫性質則平均高於熱塑類，這是它的相對優勢。為了進一步發揚其優點，熱固類聚合物中常加入玻璃纖維、碳纖維等加強料（reinforcement），而稱之為*纖維強化塑膠*（fiber reinforced plastic, FRP）。FRP 產品的強度和下列因素有關：

- 產品中纖維的含量，含量愈高，強度愈大。理論上，玻璃纖維的含量最高可以達到 82%（假設纖維均是圓形，且規則排列，聚合物佔有的體積為各纖維之間的空隙），一般在 70%以下。但是高纖維含量會影響到模中的流動性。
- 纖維的長度，纖維的長度在 5mm 以上時強度即不受纖維長度的影響，長纖維會影響在模中的流動。
- 增強的效果是和纖維的排列同向的。

　　針對 FRP，發展出一些特有的加工方法，簡述如後：

6.3.3.1　SMC、BMC 和模壓成型

　　這是基本上盡可能利用模壓過程，而調整模壓的進料。進料可分為兩類：

第一類是將調配好的樹脂，平均分散在 1 至 3 公分長的玻璃纖維蓆（mat）上，用塑膠膜分隔，捲取，稱之為 SMC（sheet molding compound）。

第二類是將調配好的原料與纖維直接在捏合機內混合。由於捏合機內的攪拌作用，玻璃纖維的長度斷裂到 5mm 以下。這一類的混合物稱之為 *BMC*（bulk mold compound）。

SMC 和 BMC 都用於在模壓成型，二者的主要區別是 SMC 中的纖維比較長、流動性差一點，BMC的玻璃纖維長度短、流動性佳，可以製造形狀比較複雜的產品。

由配製而得的模壓材料，其最重要的要求是：混合好的料要能在模中均勻的流動；流動性不好不能填滿模；流動得不均勻，則產品中各部分纖維的含量不同；強度亦不同。要利用黏度將長纖維帶動作均勻的流動的困難度很高，長纖維的補強作用大於短纖維。是以：

1. SMC 用於大型、需要高強度、造形相對簡單的產品，例如：車體、坐椅、浴缸、門片之類的產品。使用模壓加工。

2. BMC 的流動性比較好，用於製造形狀比較複雜的中小型產品，例如：電開關、鍵盤、食具等產品。除了模壓之外，另有一種比射出成型簡單的 transfer molding 方式加工。

6.3.3.2 預浸物及其成型

如果將纖維例如：布料或紙狀的纖維，預先浸漬在配方後的樹脂中，再加熱除去揮發物和初步交聯之後，即是 *預浸物*（prepag）。預浸物可以：

1. 壓成板，例如印刷電路板、美耐板。

2.纏繞在模上，製成例如：高爾夫球桿、球拍和飛機組件類的產品。

　　強化塑膠的高強度來自補強纖維，纖維的排列方向即是強度的方向。利用預浸物，可以製造出各方向強度不同的產品，高爾夫球桿和漁桿的強度是沿著桿的方向。

6.3.3.3　絲纏繞成型

　　FRP 產品的強度是順著纖維排列的方向，是以可以依照各方向不同的強度要求，來安排列纖維的排列和數量。在實務上是先將纖維浸漬在配好的樹脂中，然後再依照需要強度的方向，在模上纏繞，加熱交聯成型。這是加工週期最高的成型方法，可以製造出強度是量身定做的產品，稱之為*絲纏繞法*（filament winding）。主要用於管材和航太用品等。

　　圖 6-21 是用絲纏繞法生產大口徑管的示意圖。

　　纏繞的方向可調整，以得到所需要的強度分布。在纏繞過程完成後硬化、脫模。

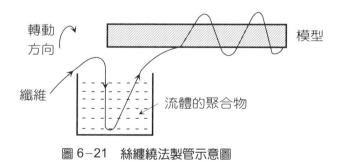

圖 6-21　絲纏繞法製管示意圖

6.3.3.4 噴佈成型

和用絲纏繞法生產量身訂做的精密產品過程相異的另一種加工方法，是將纖維和調配好的樹脂同步噴佈在底模上，然後在室溫下，經過比較長的硬化（交聯）時間後脫模的生產方法，稱之為*噴佈*（spray）*法*。用這一種方法所製出產品的精密度不高，但是可以製出大型產品，例如大至 500 噸的船，或是中型而用量不多的產品，例如椅子。這是一種設備投資最低的生產方法。

❏ 6.3.4 FRP 類產品的優點

加入纖維補強的 FRP 產品的加工週期長，這一類產品能在市場存活的原因是：

- 具有優異的電絕緣性質。
- 兼具有不干擾電波的性質，以及強度。是以和通訊相關的結構材料，非它不可。
- 具有優異的〔強度／重量〕比，當減輕重量是必需要考慮的因素時，FRP 材料即佔優勢。民航用的 A-380 和波音 787 等大型飛機上，FRP 材料佔了很大的比例。
- 需要強度，但量不是很大的用途。FRP 產品的模具費用遠低於金屬材料，具成本上的優勢。例如高價跑車的車身用環氧樹酯和碳纖維；中、低價的跑車用不飽和聚酯和玻璃纖維。
- 利用 FRP 產品可以充份的呈現強度的方向性。例如高爾夫球桿的碳纖維基本上是沿長度排列。

6.4　結語和討論

　　回顧聚合物發展的歷史，橡膠和纖維是天然的，研發人造纖維和合成橡膠的目的是「仿」，而不是取代天然產品。歸類為塑膠的聚合，沒有相對應的天然產品，而其用量及成長率，高於人造纖維和合成橡膠，而且取代了一些傳統材料的用途。最大的原因即在於它們在加工上的便利性。思考這些加工便利性與聚合物性質及分子結構之間的關聯，是有啟發性的。

　　在歷史上，人類經歷了石器時代、青銅器時代和鐵器時代等。我們現在是處於什麼時代？

複習

1. 描述熱塑類聚合物：

   (a)熔化的過程和所使用的設備；

   (b)擠出成型的過程，和在此一過程中聚合物溫度的變化；

   (c)射出成型的過程，和在此一過程中聚合物溫度的變化。

2. 摩擦熱的意義，在熱塑類聚合物加工過程中的功能以及影響。

3. 說明：

   (a)射出成型的加工週期；

   (b)設計射出成型產品所應注意的原則及原因；

   (c)凍結應力。

4. 形成 melt fracture 的原因。

5. 描述：

   (a)吹膜的過程；

   (b)吹塑的過程。

6. 延壓的操作過程以及用途。

7. 描述熱成型及其優劣點。

8. 熱固類聚合物的加工和熱塑類聚合物加工的異同。

9. 熱固類聚合物的加工成本高的原因。

10. 強化塑膠（FRP）特有的加工方法。

討論

1. 討論凍結應力和 melt fracture 時，何者明顯：

    (a) T_g 高與低的聚合物，假定主鏈上的碳數相同；

    (b) 同一聚合物，分子量高的和低的；

    (c) 同一聚合物，平均分子量相同，支鏈多的和少的。

2. 要將熱固類聚合物加工為精密度要求很高的產品，比熱塑類困難嗎？為什麼？

3. 在第三章中，從不同材料內聚能差異的觀點出發，討論了不同聚合物在靜態下的相容性。本章討論了聚合物的流動。同一種聚合物，當分子量差距很大時，是否會在高速流動的情況下分離？請詳細說明您的理由。

Chapter 7

聚合物的助劑

聚合物中要加入助劑（additive）的原因是：

1. 要改進聚合物的若干缺點。

2. 要加強聚合物的某些性質。

其目的都是要增加聚合物的使用範圍。例如天然橡膠的自然型態即是口香糖，帶有黏性但不能維持一定的形狀，沒有什麼實用價值。一個半世紀以前，Goodyear 偶然發現在天然橡膠中混入硫再加熱之後，天然橡膠即不再黏手，並具有一定的強度和可維持一定的形狀。其後又發現如果在天然橡膠中加入碳黑，即可提高其強度數倍。硫和碳黑都是助劑，它們改善了天然橡膠的性質，使天然橡膠成為有用的產品。

本章將從聚合物抗老化和裂解（degradation）開始，討論主要的聚合物助劑。

7.1　抗裂解助劑

□ 7.1.1　聚合物的裂解

在光、熱和氧的影響下，聚合物（用RH表示）會有如下的分解為自由基的反應：

1. 起始（initiation），即是分解為自由基：

$$RH \xrightarrow{\text{hv},O_2} R* + H*$$

2. 在形成自由基之後，後續的*延續反應*（propagation）有：

$$R* + O_2 \longrightarrow ROO*$$
$$ROO* + RH \longrightarrow ROOH + R*$$
$$ROOH \longrightarrow RO* + *OH$$
$$2ROOH \longrightarrow RO* + ROO* + H_2O$$

3. 在上列反應中所生成的 ROO*、RO*和*OH 可以和其他的聚合物
（RH）反應，將這種氧化反應延續下去。這種在氧化反應開始之
後可以自動延續的情況，稱之為*自動氧化*（autoxidation）。

　前列聚合物生成自由基的過程，其可能的終止過程有：

1. 由聚合物的自由基（R*、ROO*）相互反應而形成更大的分子。
即是交聯（cross link），例如：

$$2R* \longrightarrow R-R$$
$$R* + ROO* \longrightarrow ROOR$$
$$2ROO* \longrightarrow ROOR + O_2$$

　在實務上，會在聚合物中形成凝膠，及在外觀上會出現裂痕。

2. 斷鏈（chain scissoring）：

223

$$\sim R - \underset{\underset{O^*}{|}}{\overset{\overset{R''}{|}}{C}} - R' \sim \longrightarrow \sim R - \underset{\underset{O}{\|}}{\overset{\overset{R''}{|}}{C}} - R'' + {}^*R' \sim$$

$$\sim R - \underset{\underset{OO^*}{|}}{\overset{\overset{R''}{|}}{C}} - CH_2CH_2 - R \sim \longrightarrow \sim R - \underset{\underset{O}{\|}}{\overset{\overset{R''}{|}}{C}} - R'' + CH_2 = CH - R' \sim + {}^*OH$$

在實務上，聚合物的分子量會減少，或是 MI 會增加，當分子量大幅減少時，聚合物會變脆，一般說來：

1. 含雙鍵的聚合物，例如天然橡膠、SBR、BR 等，在裂解時以交聯為主。
2. 其他的聚合物，例如 PE 和 PP，以斷鏈為主。

在後文中，將分別討論：

1. 減少由熱和氧所導致的裂解的*抗氧助劑*（antioxidant）。
2. 抗光裂解的*紫外線吸收劑*（UV adsorber）。

❑ 7.1.2 抗氧劑

抗氧劑不能阻止聚合物在熱和氧的影響下生成自由基，而是：

1. 在聚合物生成自由基之後，使自由基的活性消失，阻斷自動氧化的進行。具有這種功能的抗氧劑稱之為*主抗氧劑*（primary antioxidant）。
2. 防止自由基鏈的延續傳遞。具有這一類功能的抗氧劑稱之為*助抗*

氧劑（auxiliary antioxidant）。

主和助抗氧劑一般是配合使用，以達到最佳效果。

7.1.2.1　主抗氧劑

以 AH 代表抗氧劑，主抗氧劑具有下列功能：

$$R* + AH \longrightarrow RH + A*$$

$$ROO* + AH \longrightarrow ROOH + A*$$

這一類的抗氧劑，分別屬於下列三類：

1. *自由基捕捉*（free radical trap）。
2. 電子給予者（electron donner）。
3. 氫給予者（hydrogen donner）。

前者是仲胺、叔胺以及酚，例如：

酚樹脂

防老劑 D

$$\text{NH} \quad , C_{16}H_{13}N$$

Naugard 445

$$, C_{30}H_{31}N$$

防老劑 H

$$\text{⬡—NH—⬡—NH—⬡}, \quad C_{18}H_{16}N_2$$

防老劑 DNP

$$\text{⬡⬡—NH—⬡—NH—⬡⬡}, \quad C_{26}H_{20}N_2$$

*氫給予型*例如阻酚（hindered phenol）：

抗氧劑 264（BHT）

$$(CH_3)_3C\text{—⬡—}C(CH_3)_3, \quad C_{15}H_{24}O$$
$$\overset{OH}{}\quad\underset{CH_3}{}$$

抗氧劑 1076（或 76）

$$(CH_3)_3C\text{—⬡—}C(CH_3)_3, \quad C_{35}H_{62}O_3$$
$$\overset{OH}{}\quad\underset{CH_2CH_2COOC_{18}H_{37}}{}$$

抗氧劑 1010（或 10）

$$\left[HO\text{—⬡—}CH_2CH_2COOCH_2 \right]_4 C, \quad C_{73}H_{108}O_{12}$$

其中苯環上有 $C(CH_3)_3$（上、下兩側取代基）

7.1.2.2　助抗氧劑

助抗氧劑以二價的硫化物和亞磷酸脂為主，例如：

二價硫化物：

DLTP：$C_{12}H_{25}OOCCH_2CH_2SCH_2CH_2COOC_{12}H_{25}$，　$C_{30}H_{58}O_4S$

亞磷酸脂：

TNP：$+C_9H_{19}$—⟨ ⟩—$O+_3 P$，$C_{45}H_{69}O_3P$

□ 7.1.3　紫外線吸收劑

若干化學鍵的鍵能與相對應的波長，如表 7-1：

表 7-1　化學鍵的鍵能與相應波長的關係

化學鍵	鍵能（kJ/mol）	相應能量光波波長（nm）
O-H	460.8	259
C-F	439.2	272
C-H	411.7	290
N-N	389.2	306
C-O	350.0	340
C-C	346.0	342
C-Cl	327.1	364
C-N	289.6	410

當受到波長相當於鍵能光的照射時，聚合物即可形成自由基而發生相當於前節所述的裂解情況。若干聚合物對光的敏感波長如表7-2；這些波長是在紫外線（ultraviolet, UV）的範圍：

表7-2　高分子化合物對紫外光的敏感波長區

高分子化合物	敏感波長（nm）
聚乙烯，PE	300
聚丙烯，PP	310
聚氯乙烯，PVC	310
聚酯，polyester	325
氯乙烯－醋酸乙烯共聚物，PVC-PVAc	322～364
聚醋酸乙烯酯，PVAc	250
聚甲醛，POM	300～320
聚碳酸酯，PC	295
聚甲基丙烯酸甲酯，PMMA	290～315
聚苯乙烯，PS	318
硝酸纖維素醋酸丁酸，人造絲，rayon	310
纖維素，cellulose	295～298

紫外線吸收劑（UV, adsorber and stabilizer），即是比聚合物對紫外線光更敏感的化學品，它可以先和光反應，以消除能量，而使聚合物不起變化。

商用紫外線吸收劑以阻胺類（hindreed amine light stabilizer, HALS）為最重要，例如：

Tinrnin 144

$$HO-\langle\!\!\!\!\!\bigcirc\!\!\!\!\!\rangle-CH_2-\overset{\underset{\displaystyle C_4H_9}{|}}{CH}-(COO-\langle\!\!\!\!\!\bigcirc\!\!\!\!\!\rangle N-CH_3)_2$$

Sanol LS2626

$$HO-\langle\!\!\!\!\!\bigcirc\!\!\!\!\!\rangle-CH_2-\overset{\displaystyle O}{\overset{\displaystyle\|}{C}}-O-\langle\!\!\!\!\!\bigcirc\!\!\!\!\!\rangle N-(CH_3)_2-$$

$$-O-\overset{\displaystyle O}{\overset{\displaystyle\|}{C}}-(CH_2)_2-\langle\!\!\!\!\!\bigcirc\!\!\!\!\!\rangle-OH$$

二苯甲酮類，例如：

UV 537

$$\langle\!\!\!\!\!\bigcirc\!\!\!\!\!\rangle-\overset{\displaystyle O}{\overset{\displaystyle\|}{C}}-\langle\!\!\!\!\!\bigcirc\!\!\!\!\!\rangle\overset{OH}{}-OC_8H_{17}$$

UVINL 400

$$\langle\!\!\!\!\!\bigcirc\!\!\!\!\!\rangle-\overset{\displaystyle O}{\overset{\displaystyle\|}{C}}-\langle\!\!\!\!\!\bigcirc\!\!\!\!\!\rangle\overset{OH}{}-OH$$

水楊酸酯類，例如：

UV-TBS

$$\text{2-羥基-}\overset{OH}{\underset{}{\bigcirc}}\overset{O}{\underset{\parallel}{C}}\text{-O-}\bigcirc\text{-C(CH}_3)_3$$

UV-BAD

$$\overset{OH}{\bigcirc}\overset{O}{\underset{\parallel}{C}}\text{-O-}\bigcirc\overset{CH_3}{\underset{CH_3}{C}}\bigcirc\text{-O-}\overset{O}{\underset{\parallel}{C}}\bigcirc\overset{OH}{}$$

苯並三唑類，例如：

UV-P

$$\text{（苯並三氮唑結構）}\overset{ONa}{\underset{CH_3}{\bigcirc}}\xrightarrow{\ H^+\ }\text{（苯並三氮唑結構）}\overset{OH}{\underset{CH_3}{\bigcirc}}$$

三嗪類，其通式為：

$$X\overset{N}{\underset{N}{\underset{Y}{\diagdown}}}N\overset{OH}{\underset{R}{\bigcirc}}\qquad X\ \text{或}\ Y=-\overset{OH}{\underset{R}{\bigcirc}}$$

R＝H，烷基，4－羥基，4－烷氧基，4－烯鏈的酯基取代丙烯

類，例如：

N-35

$$C=C \begin{array}{l} CN \\ C-OC_2H_5 \\ \parallel \\ O \end{array}$$

鎳螯合物，例如：

UV 1084

$$t\,C_8H_{17} \cdots \cdots O \backslash \\ S \rightarrow Ni-NH_2\,(CH_2)_3CH_3 \\ t\,C_8H_{17} \cdots \cdots O$$

□ 7.1.4　選用原則與用量

在市場上各種不同的抗氧劑和紫外線吸收劑之中要如何選用？這個問題可分為合用與否以及價格兩方面來討論。

適用性，可分兩個方面：

1. 與聚合物的相容性，以抗氧劑BHT、1010和1076為例，BHT是歷史最久的抗氧劑。廣泛應用於橡膠以至於食品上。1010和1076的歷史比較短，是專為PE和PP發展的抗氧劑；和BHT相比較，1010和1076分子上多了長的鏈。這些鏈和抗氧性的關係不大，但是具有比較長的烷基，增進了抗氧劑和 PE 或 PP 之間的相容

性，使抗氧劑能更均勻的分散在聚合物之中。

2. 抗氧劑本色是否具有顏色？在和R*以及ROO*反應之後的生成物是否有顏色？如果有那就不能用於淺色的產品，胺類抗氧劑本身有顏色，多用於橡膠而不用於淺色的塑膠產品。

價格再分兩方面來討論：

1. 一是單位重量中所含有的有效成分，再以 1010 和 1076 為例。1010 的分子量是 1,070，含 4 個阻酚，即是每 267.5 克的 1010 中含 1 克分子的阻酚。而 1076 的分子量是 530，含一個阻酚。是以 1010 中所含有的有效成分高於 1076。

2. 另一則是在加工過程中，助劑因揮發而耗失的量，一般來說，分子量高的，其揮發的耗省量比較小。

在考慮成本時，要將上列二因素包括在內。

抗氧劑和 UV 吸收劑均是消耗性添加劑，即是隨使用的次數、時間而減少。是以抗氧劑的加入量，決定於預估聚合物會再工的次數，UV 吸收劑用量，是由預估暴露在紫外線的強度和時間來決定。

決定量的另一重要因素是聚合物的結構，例如：

聚合物	一般抗氧劑用量（PPM）
聚丁二烯，PB	2,500
苯乙烯－丁二烯嵌段共 　聚合物，SBS	2,000
聚乙烯，PE	800
聚丙烯，PP	500
聚苯乙烯，PS	無 500
聚甲基丙烯酸甲酯，PMMA	無

一個極端簡化的規則是，抗氧劑的用量是：

含雙鍵的聚合物＞不含側基的飽和聚合物

＞含側基的飽和聚合物

聚合物的側基有保護主鏈被氧或 UV 攻擊的功能，例如 PMMA。

7.2　填充料（filler）和色料（colorant）

□ 7.2.1　填充料

在聚合物中加入*填充料*（filler），其最明顯的功能是減低成本。故而對填充料要求是：

1. 是否容易混入聚合物。
2. 對聚合物性質的影響正面大於負面。
3. 價格低。

而填充料對聚合物的性質有下列影響：

1. 改變強度及熱變形溫度，一般說來在加入填充劑之後，塑膠的強度及熱變形溫度會增加，增加的多少與填充劑的種類、多少和形狀有關。填充料的形狀愈不規則，則與聚合物的接觸面愈大，有利於強度；形狀太規則的填充劑，有時反會減低強度。如果填充料用*偶聯劑*（coupling agent，見 6.3 節）處理，其增強的效果更顯著。
2. 改變電及吸水等性質：由於填充料的性質與塑膠不同，有時故意

在塑膠中加入銅粉使其導電，加入磁鐵粉使其有磁性。

3. 加工性質：填充料對塑膠加工性質的影響有：

　(1)增加熔液黏度，如果所加入填充料的重量相同，填充料的顆粒愈小，黏度增加愈大。

　(2)如果填充料的形狀是規則的球形，則加工時流動容易。如形狀不規則，加工時則變得比較不容易流動。

　(3)填充料會減少塑膠在加工時的收縮率。

4. 外觀：填充料對塑膠或成品的外觀有下列關係：

　(1)填充料加得愈多，表面的光澤愈差。

　(2)填充料的顆粒愈細，表面愈平而有光澤。

選擇填充料時下列各點要注意：

1. 顆粒的大小。

2. 顏色：以白色最好，因為白色的填充料不會影響到其他所加顏料的顏色，價格是愈白愈貴。

3. 是否容易混入塑膠：陶土、碳酸鈣及氧化矽較容易混入。雲母、雲石及石墨則不容易。

4. 電絕緣性、吸水率、熱傳導性質等。

5. 填充料的酸度以及是否會與塑膠本身反應，填充劑多半是天然的礦物質也有合成的有機及無機物。

台灣用到的填充料以碳酸鈣為主，包含自大理石燒出的輕質碳酸鈣和用沉澱法製成的重碳酸鈣兩種。其他的填充料包括有：

1. 無機氧化物：其中有天然的雲母、矽酸鈣、陶土、矽酸鎂、滑石粉（talc），以及人工製造的氧化矽，如白煙等。

2. 碳黑，碳可以增加導電性，亦可具有電波屏障的功能。

3. 為了要取得導電性而加入金屬料；為了要有磁性而加入氧化鐵或磁鐵粉。

☐ 7.2.2　色料

在塑膠中加入色料的主要原因有二：一是增進產品的外觀，一是遮蓋。色料一般可分為下列各種：

1. 染料（dye）：這一類是有機化合物，其特性是能溶解在水或其他溶劑中，具有非常鮮艷的色彩及透明度。在高溫時會變色，穩定性差。

2. 無機顏料（pigment）：這類的特性是不溶解而只是散佈在塑膠中。遮蓋力（hiding power）高，可以耐高溫，但色彩不鮮明，色彩的種類也少。多半是金屬的氧化物或鹽類，比重大。

3. 有機顏料：這是把染料固著在無機物上而製成的，色彩鮮艷，色類齊全，大部不溶於溶劑，抗溫度及遮蓋力的性質比染料好，但不及無機顏料。

4. 特種顏料：在這類中包括金屬碎片，螢光顏料及珠光（pearlescent）顏料等。

有關色料，目前的趨勢是由專業混拌（compounding）工廠將染、顏料混合聚合物製成色母（color master batch），加工廠商將色母混入塑膠粒後直接著色加工。一般選擇顏料的考量有：

1. 需要用顏料的原因：這是決定選顏料最基本的原則。如是為了增進外觀，則要選色彩鮮的，如是為了遮蓋則要選用遮蓋力大的。

2.顏料的耐熱性：塑膠在加工時所需的溫度常在 150℃ 以上，在這種溫度顏料會因：

(1)直接受熱分解，尤其是有機染、顏料。

(2)與塑膠所放出之氣體——如 PVC 所放出之鹽酸——作用而變色。

(3)因在溫度變化而引起的結晶改變以致變色。

(4)由於顏料的存在，在高溫時使塑膠分解而變色。故選擇加工溫度低塑膠所需的顏料容易，而選訂加工溫度高的塑膠如尼龍等較難。

3.顏料是否能在塑膠均勻混合分散。

4.顏料的抗氣候性：由於塑膠在建築材料方面應用的推廣，顏料抗氣候性變得日益重要。這不但與顏色有關，且直接影響到塑膠本身的強度。

5.顏料的毒性。

6.顏料是否會與塑膠本身起化學反應。

7.價格，即是達到同一目標所需要不同色料的費用。

7.3 補強料 (reinforcement) 及偶聯劑 (coupling agent)

*補強料*是纖維狀的填充料，一般以玻璃纖維為主，其他的纖維有碳纖維等高強度纖維。同時由於玻璃纖維是無機化合物，其熱膨脹係數、受力時的變形等均和有機聚合物差異性大，或者說二者之間在受力或受熱之後會有因接合不良而導致的強度下降。為了改善此一情

況，常使用可以在有機和無機化合物之間產生化學鍵的*偶聯劑*。分述如下：

□ 7.3.1　玻璃纖維

　　將玻璃抽成直徑在 0.03mm 或以下的纖維，即呈現韌性而不輕易折斷。玻璃的拉伸強度為 $35,000kg/cm^2$，其單位重量的強度，遠大於鋼鐵，在聚合物中加入玻璃纖維之後，聚合物的性質有如表 7-3 的變化：

表 7-3　聚合物中玻璃纖維含量對物性的影響

	PP		PBT		Nylon 6	
玻璃纖維含量（Wt%）	0	30	0	40	0	30
拉力（MPa）	33	90	55	150	76	180
伸長率（%）	500	60	—	—	50～100	2～3
抗彎模數（MPa）	1.6×10^3	5.5×10^3	2.3×10^3	1.03×10^4	2.4×10^3	8×10^3
Izod 抗衝擊（J/m）	12	90	53	187	50	150
熱變形溫度（℃）						
0.5（MPa）	—		154	217	170	220
1.8（MPa）	65	153	—	—	80	200
收縮率（%）	1.6	0.3	—	—	2	—
比重（g/cc）	0.91	1.02	1.1	1.25	1.14	1.3

　　從表 7-3 中可以看出，除了伸長率大幅降低之外，其他所有的物理強度均以倍數增加。值得注意的是熱變形溫度的增加使得材料的耐溫性和可使用的溫度提升，而收縮率的減小增加了產品的精確度（填充料也具有同樣的功能）。

雖然說玻璃在抽成纖維之後具有韌性，但是在強力攪拌和混合時仍會斷裂成細段，故而在玻璃強化熱塑類（fiber reinforced thermoplastic, FRTP）中的玻璃纖維是短纖維，塑膠中加入了玻璃纖維之後對加工性質的影響同填充料。

長的玻璃纖維用於*熱固類*（thermosetting）聚合物，例如積層板（laminate）、噴佈成型（spray up）、絲纏繞加工（filament winding）和模壓片材（sheet molding sheet, SMC）等。

一般說來，纖維的長度在 0.5 公分以上時，長度對材料強度的影響不大。FRTP 和熱固類 BMC（bulk molding compound）中玻璃纖維的長度均小於 0.5 公分。

除了玻璃纖維之外，熱固類聚合物會用到碳纖維、石墨纖維和聚芳香族醯胺（aromatic polyamides）。聚芳香族醯胺中的 poly（p-phenylene terephthalamine）具有遠優於玻璃纖維的強度重量比，廣用於航空載具。

7.3.2 偶聯劑

強化料和填充料一般均是無機化合物，而聚合物則是有機化合物，二者分子之間的作用力不強，故而黏著力弱。同時由於二者的收縮率不同，在受熱之後的冷卻過程中會在介面產生應力，進一步損害到二者的接著。

*偶聯劑*的分子結構中包含有兩種官能基團，一種官能基團可以和聚合物發生化學反應或是具有很好的相容性，另一基團則可以和無機

化合物產生化學鍵。是以偶聯劑是基本上一種藉由化學鍵改變聚合物與無機化合物之間的介面性能的化學品。商業上的產品包含鉻系、矽系和鈦系，分述如下：

7.3.2.1　鉻系偶聯劑

這是由有機不飽和酸和三價鉻的絡合物，通式如下：

$$
\begin{array}{c}
\text{R} \\
| \\
\text{C} \\
\diagup\diagdown \\
\text{O}\quad\text{O} \\
| \qquad | \\
\text{CrX}_2\ \text{CrX}_2 \\
\diagdown\diagup \\
\text{O} \\
| \\
\text{H}
\end{array}
$$

R：可以和聚合物反應的基團；

X：無機酸根例如 Cl, NO_3 等。

當加水分解時，它可以和矽形成化學鍵：

$$
\begin{array}{ccc}
CH_2=C-CH_3 & \xrightarrow{\text{加水分解}} & CH_2=C-CH_3 & \longrightarrow & CH_2=C-CH_3
\end{array}
$$

然後 $CH_2=C-CH_3$ 可以和聚合物產生化學鍵。

鉻系偶聯劑多用於玻璃纖維和不飽和聚酯樹脂。

7.3.2.2　矽系偶聯劑

通式是

$$RSiX_3$$

其中：R：可以和聚合物反應的基團；

X：水解後可以和 Si 反應的基團。

例如：R＝$H_2NCH_2CH_2CH_2-$

X＝$-(OC_2H_5)$

則偶聯劑為 $H_2NCH_2CH_2CH_2Si(OC_2H_5)_3$。

矽系偶聯劑的種類很多，用途亦廣，主要用於聚合物與含 Si 的無機物之間，對 $CaCO_3$ 類的填充料則功能不顯。

7.3.2.3　鈦系偶聯劑

這是發展得比較晚的偶聯劑，其通式為：

$$(RO)_{4-n}Ti(OX-R'Y)_n$$
$$n=2 \text{ 或 } 3$$

RO－：可水解的短碳鏈烷氧基，例如：

$$CH_3-\underset{\underset{CH_3}{|}}{CH}-O- \quad ; \quad \underset{-CH_2-O}{-CH_2-O}\diagdown \quad ; \quad HN\diagdown\underset{CH_2CH_2O}{CH_2CH_2O}\diagup 等。$$

OX：可以是 $-OH$，$-O-\overset{\overset{O}{\|}}{\underset{\underset{O}{\|}}{S}}-$，$-O-\overset{\overset{O}{\|}}{C}-$，和 $-O-\overset{\overset{O}{\|}}{\underset{\underset{OC_8H_{17}}{|}}{P}}-O-\underset{\underset{OC_8H_{17}}{|}}{P}OH$

等。

X 可以賦給偶聯劑一些特殊的功能，例如磷有阻燃的功能等。

R'Y：R'一般是碳數比較高的烷類，而 Y 則是可以與聚合物發生化學鍵的基團，例如：

$$(CH_2)_7CH=CHCH_2\underset{\underset{OH}{|}}{CH}(CH_2)_5(CH_3)_3$$

$$-O-\overset{\overset{O}{\|}}{C}-\underset{\underset{CH_3}{|}}{C}=CH_2-NHCH_2CH_2NH_2等。$$

和矽系偶聯劑相比較，鈦系：

1. 多了 X 基，可以提供除了偶聯之外的功能。

2. R' 的鍵比較長，提供了柔性，以及和聚合物分子相糾纏的功能。

   鈦系偶聯劑適用的範圍包括 $CaCO_3$ 等，適用範圍比矽系廣。

7.4 阻燃劑

聚合物是以碳氫化合物為主，具有可燃性。判定可燃性的重要指

標之一是*氧指數*（oxygen index, OI），即是維持燃燒時氧和氮混合氣體中所含有氧的百分比：

$$OI \ \% = \frac{O_2}{O_2 + N_2} \times 100\%$$

按空氣中正常含氧約 20%，目前的標準是 OI ≥ 27%時為不燃。若干聚合物的可燃燒性如表 7-4。

表 7-4　若干聚合物的燃燒速度和氧指數

塑料名稱	燃燒速度（mm/min）	OI%
聚乙烯，PE	7.6～30.5	17.5
聚丙烯，PP	17.8～40.6	17.4
聚苯乙烯，PC	12.7～63.5	18.1
ABS	25.4～50.8	18.8
聚甲基丙烯酸甲酯，PMMA	15.2～40.6	17.3
尼龍，Nylon	緩燃	24.3
聚碳酸酯，PC	緩燃	26.0
聚氯乙烯，PVC	自熄	46.0
聚四氟乙烯，Teflon	不燃	95.0

即是除了含氯的 PVC 和含氟的 Teflon 之外，聚合物均會燃燒。在燃燒時產生的煙亦造成危害，表 7-5 則是不同聚合物在燃燒時所產生煙的密度值。

在聚合物中添加*阻燃劑*（flame retardant）的目的是增加其耐燃性，以增進安全性。

表 7-5　有機聚合物燃燒時的煙密度值

材料	D_m ①
聚縮醛，POM	0
尼龍 6，Nylon 6	1
聚甲基丙烯酸甲酯，PMMA	2
聚乙烯（低密度），LDPE	13
聚乙烯（高密度），HDPE	39
聚丙烯，PP	41
聚偏氯二乙烯，PVDC	98
聚碸，polysulfone	125
聚酯，PET	390
聚碳酸酯，PC	427
聚苯乙烯，PS	494
丙烯腈－丁二烯－苯乙烯共聚物，ABS	720
聚氯乙烯，PVC	720

①D_m 為最大比光密度。

燃燒時會產生煙，表 7-5 顯示出含苯環的聚合物，趨向於放出濃煙。含氧的聚合物發煙少。

燃燒的必要條件是：

　　*1.*有氧氣存在。

　　*2.*燃燒物要達到一定的溫度。

是以阻燃劑必須能：

　　*1.*阻隔氧與燃燒物，或是

2.降低燃燒物的溫度。

目前阻燃劑以含鹵素的化合物為主，磷次之。防燃劑可以是化合物，也可以是將聚合物的單體鹵化後再聚合。

在 200～400℃ 的溫度，含有鹵素的化合物，R_1X 會分解而釋出鹵素 X 自由基：

$$R_1X \xrightarrow{\triangle} R_1^* + X^*$$

其中的 X^* 會與聚合物 R_2H 反應而產生 HX 氣體：

$$X^* + R_2H \longrightarrow R_2^* + HX$$

鹵化氫（HX）在阻燃上有兩種功能：

1.沖稀了空氣，使得空氣中含氧的比例下降。

2. HX 一般均比空氣重，故而會向下沉積，隔絕了空氣和燃燒物。

鹵素氫化物的比重，依次為 HI＞HBr＞HCl＞HF，但 HI 不穩定，HF 的比重小於空氣，是以一般以溴和氯的化合物為主，而 HBr 與 HCl 比重之比為 2.2：1，是以溴化物是比氯化物更為有效的阻燃劑。

一般說來，聚合物中鹵素含量的重量百分比如達到 40%，即具有難燃性。例如 PVC 的氯量為 56.8%，具有難燃性，但是如果加入大量的助塑劑後，其氯含量會降到 40% 以下，這時必須加入阻燃劑，例如氯化碏，以提高其含氯量，保持難燃性。

當銻與鹵素或其他系列阻燃劑共用時，其效果遠大於單獨使用單

一種阻燃劑，或者是二種阻燃劑效果之和，這種情況稱之為*相乘效應*。銻與鹵素的相乘機理如下：

如前述，鹵素阻燃劑受熱後與聚合物中的氫形成 HX，銻則與 HX 形成 SbOX，例如：

$$Sb_2O_3 + 2HCl \rightarrow 2SbOCl + H_2O$$

而 SbOCl 分解成為 SbCl$_3$

$$5SbOCl \xrightarrow{250\sim280℃} Sb_4O_5Cl_2 + SbCl_3$$

$$4Sb_4O_5Cl_2 \xrightarrow{410\sim475℃} 5Sb_3O_4Cl + SbCl_3$$

$$3Sb_3O_4Cl \xrightarrow{475\sim565℃} 4Sb_2O_3 + SbCl_3$$

而 SbCl$_3$ 是低沸點，比重特高的氣體，阻隔空氣的功效極好。同時除了轉化為 SbCl$_3$ 之外，Sb 沒有耗失。

理想的阻燃劑應符合下列各需求：

1. 不影響聚合物原有的性質。

2. 加入到聚合物之後，不會因使用而消失。

3. 本身無毒，在受熱（燃燒）時所釋放出來的氣體亦無毒。

目前沒有能完全具有前列三條件的阻燃劑。

7.5　靜電防止劑（antistatic agents）

大多數之塑膠其導電性均很弱，因此常保留靜電荷，這種靜電之

積存現象發生於塑膠在擠壓或射出成型及搬運和使用時。摩擦是產生靜電最常見的原因，靜電的積存，常會發生吸引灰塵，電擊及放各種靜電現象而發生火災事件，因此加入*靜電防止劑*，以化解靜電所可能引起的問題是必需的。若干聚合物在摩擦後所帶的靜電壓如表 7-6：

表 7-6　聚合物在摩擦後所製的靜電壓

聚合物	靜電壓 X(V)
HDPE	1,000～2,000
LDPE	400～800
PVC	1,000～2,000
PP	2,000～4,000

　　靜電防止劑，基本上是要降低聚合物的電阻，或是增加其表面的導電性。介面活性劑由於具有電阻低的親水基，可以在吸收水分後形成導電的離子，它也具有可以和聚合物相接的親油基，故而是靜電防止劑。依照使用方式的不同，可分為二大類：

1. 暫時性或從外部處理之外用靜電防止劑（external antistatic agents）：這種防止劑係以溶液或分散液之型態，用塗佈、噴霧或浸漬等方法吸附或黏附於物體表面。就一般情形而言，外用靜電防止劑之時效較短暫，常因淋雨、洗滌、歷時久與摩擦等自物體脫落或滲入物體內部，以後即喪失防電功能。

2. 永久性或混合於內部之內用靜電防止劑（internal antistatic agents）：此類防止劑與聚合物有相容性、高熱穩定性與表面活性。內用靜電防止劑與高分子混合即擴散或潛移至表面，在表面與空氣中的水作用而形成離子層，產生防電效果。這類靜電防止劑能持久。

7.6　發泡及交聯劑（blowing & cross linking agents）

□ 7.6.1　發泡劑

　　發泡的塑膠已廣泛的應用在建築材料、衣物、包裝材料、鞋類、人造木及人造紙上。這些比重很輕的塑膠都是在加有**發泡劑**（blowing 或 foaming agent）後發泡而成。

　　任何物質如能在某一特定的情況下體積變大，即可用作發泡劑。在塑膠工業中所用的發泡劑可分為兩類：

1.物理發泡劑（physical blowing agent）：這一類發泡劑在發泡時改其物理型態，比如說壓縮氣體在減壓時體積膨漲，物質由液體變為氣體等。理想的物理發泡劑要合乎下列各要求：

(1)無臭及無毒，否則工作工人的健康會發生問題。

(2)不燃燒及無腐蝕性。

(3)不影響塑膠的性質。

(4)在氣體狀態時不會起化學反應，也不會受熱分解。

(5)在室溫的蒸氣壓低。

(6)在改變物理形狀時所需要的能量低，以液體變為氣體為例，液體的氣化熱要低。

(7)分子量低，這是特指由液體變為氣體的發泡劑而言，克分子量一定時，氣化後的體積是一定的，選用分子量低的發泡劑即是希望能較經濟的使用發泡劑。

物理發泡劑多半是沸點不高的有機物如：

(1)五至七個碳的正烷。

(2)碳氫鹵化物，如 methyl 及 methylene chloride, dichloroethane, tri-chloroethylene, Trichloro methane 等。高壓氣體如氮和二氧化碳。

(3)低沸點的酮，醚和芳香族碳氫化合物。

(2)項較安全但鹵化物因環保因素禁用。

物理發泡劑多用於 PS 的發泡（正戊烷及正己烷），以及人造紙和發泡包裝材料。

2.*化學發泡劑*（chemical foaming agents）：這是利用物質在某一特定溫度分解而使體積膨脹。化學發泡劑要合乎下列各要求：

(1)發泡劑需在某一狹小的溫度範圍內分解，分解的速度要快而且不會爆炸。

(2)發泡劑的分解溫度要在塑膠的軟化溫度以上（否則即無法將發泡劑均勻混入塑膠）及塑膠的分解溫度以下。

(3)發泡劑在塑膠中要穩定而且不起化學反應。

(4)分解後的剩餘物在塑膠中要無色、無臭、不會滲出。

(5)同物理發泡要求中的(1)、(2)及(4)項。

化學發泡劑都是含氮的有機化合物。不同化合物的分解（發泡）溫度不同。

□ 7.6.2 交聯劑

在作發泡塑膠時為了要增加硬度，常常同時加入*交聯劑*（cross linking agent）使塑膠產生立體的鏈結。有立體鏈結的塑膠物理強度大。為了增進 PE 及其共聚合物的強度，即使在不發泡時，亦有使其起立體鏈結的，例如電纜的外層。所謂的交聯劑，即是一種化學物質它能放出自由基而引塑膠分子交聯形成鏈結。

　　一般常用的交聯劑是*有機過氧化物*（organic peroxide），它們在某一溫度分解而變成自由基，和自由基聚合時所使用的起始劑相同（參看 1.3.1.1 節）。在同時對聚合物發泡和交聯時，交聯劑的分解溫度要高於發泡劑的分解（發泡）溫度。

　　交聯劑亦用於自由基聚合和若干熱固類聚合物交聯用的起始劑。

7.7　PVC 用助劑

　　單獨通用於 PVC 的添加劑有兩類：

1. 賦予 PVC 柔性的*助塑劑*（plasticizer），這一類的用量極大，約相當於 PVC 用量的 50～60%。

2. *熱穩定劑*（heat stabilizer）是防止 PVC 受熱分解的。

　　現分述如下：

7.7.1　助塑劑

　　由於未增塑 PVC 的韌性不好，故而仿照橡膠工業在橡膠中加入分子量低的擴展油（extended oil）的做法，加入低分子量的助塑劑以增加韌性，而對助塑劑的要求是：

1. 與 PVC 的相容性良好。

2.增塑（韌）效果良好。

3.增塑劑對強度、伸展率、低溫韌性、透明度、彈性、尺寸穩定性、電性質等的影響。

4.穩定性，其中包含助塑劑是否會揮發耗失、滲出、與水反應或被水溶解、抗酸鹼、老化等。

5.對加工性質的影響。

6.對人體的安全性等。

常用到的助塑劑包含有：

1. DOP（dioctyl phalate），是用量最大的通用助塑劑。

2. DOA（dioctyl adipate），適用於低溫。

3.環氧大豆油（epoxidized soyabean oil, ESO），可改善對光和熱的穩定性，同時增加柔（韌）性的效果極佳。

4.聚酯（polyester）類，這一類的分子量在 2,000～4,000，不易滲出，亦不易揮發，安全性極佳。

5. MBS 是（MMA-BD-SM）的共聚合物，完全不滲出，且具透明性，可用於食品的容器和包裝。

❑ 7.7.2　熱安定劑

PVC 在受熱時，會放出鹽酸，而生成雙鍵：

$$\left(CH_2-\underset{\underset{Cl}{|}}{CH}\right)_n \xrightarrow{\triangle} \left(CH=CH\right)_n + nHCl$$

並引發降解熱。安定劑的功能，是抑制這種脫 HCl 反應。

熱安定劑是以金屬的脂肪酸鹽為主，以捕捉 HCl 的速度來說：

$$Cd > Pb > Ca > Mg$$

然而氯化鋅有催化 PVC 裂解的作用，鎘和鉛的毒性極強。目前僅鈣和鎂的脂肪酸鹽仍在小量使用。

有機錫是傳統的熱定劑中毒性最小的一類，其通式為：

$$
\underset{\underset{R}{|}}{\overset{\overset{R}{|}}{Y - Sn}} - \left(\underset{\underset{R}{|}}{\overset{\overset{R}{|}}{X - Sn}} \right)_n Y
$$

其中：R：碳數一般為 1～8 的烷基；

　　　Y：脂肪酸根；

　　　X：氧、硫、不飽和二元酸等。

7.8　橡膠用助劑

自十九世紀末開始，人類即開始使用天然橡膠，在那個時候對聚合物的瞭解很少，所用的助劑多半是偶然發現的，而沿用至今，除了抗氧劑是 7.1 節中的 BHT 及未列入 7.1 節中的合氮抗氧劑和發泡劑如7.6.1 節之外，其他用於橡膠的助劑分述如下。

□ 7.8.1 交聯劑

橡膠用的交聯劑以硫為主，此外有可以在 100～160℃ 分解而釋放出硫的有機硫化物，稱之為*加硫劑*，例如：

TMTD

DTDM

MDTB

和加硫相比較，加硫劑能產生雙硫鍵和單硫鍵，交聯度高，高溫性質好，但是回彈性稍差。此外硫化速度比較慢。

前列三種加硫劑亦均可用作硫化促進劑。

*硫化促進劑*是可以使硫化（交聯）速度加快的助劑，分為四大類：

二硫化氨基甲酸鹽類，例如：

促進劑 BX

$$\left[\begin{array}{c} C_4H_9 \\ \diagdown \\ \diagup \\ C_4H_9 \end{array} N - \overset{\overset{\displaystyle S}{\|}}{C} - S \right]_2 Zn$$

Thrium 類，例如：

促進劑 TMTD

$$\begin{array}{c} CH_3 \\ \diagdown \\ \diagup \\ CH_3 \end{array} N - \overset{\overset{\displaystyle S}{\|}}{C} - S - S - \overset{\overset{\displaystyle S}{\|}}{C} - N \begin{array}{c} CH_3 \\ \diagup \\ \diagdown \\ CH_3 \end{array}$$

噻唑類，例如：

促進劑 M（MBT）

次磺胺類，例如：

促進劑 NS

7.6.2 節中提到的有機過氧化物，亦可用作橡膠的交聯劑，但是交聯速度比較慢，一般用於透明產品。

❑ 7.8.2　補強劑

橡膠中所使用的補強劑是碳黑（carbon black），添加或不添加碳黑，強度的差別有 3～5 倍。為了強化，一般使用硬碳黑（hard black）。

在製造染色產品時，則使用白煙（white carbon），即是多孔的 SiO_2粉。

在輪胎的生產上，除了加入碳黑之外，會進一步加入補強用的纖維，例如胎簾布（tire core）和金屬絲。

❑ 7.8.3　擴展油

橡膠類聚合物的韌性非常好，在橡膠中加入低分子量*擴展油*（extended oil）的目的是改善其加工性以及降低成本。

擴展油即是含碳數在 20 以上但流動性良好的石油煉製品，依照石油中組分的不同，大致分為：

1. 烷類（paraffinic）。
2. 芳香類（aromatic）。
3. 環烷類（naphthenic）。

三類，烷類增加柔性，降低硬度和強度。環烷類對硬度和強度的影響比較少。

7.9　加工助劑

加工助劑（processing aid）是使得加工變得更容易的助劑，可以分為兩類：

1. 添加在聚合物中的潤滑劑。
2. 用在模具表面的脫模劑（mold releasing agent）。

分述如下：

7.9.1　潤滑劑

在加工的時候，聚合物的分子會：

1. 與其他的分子摩擦。
2. 與加工機械的表面摩擦。

為了減低這些摩擦力，就需要加入潤滑劑，這些潤滑劑是分子量比較低的化合物，包含有脂肪酸、脂和鹽，以及烴類和醇類，及石碏等。其功能，依照潤滑劑與聚合物分子之間的作用力，區分為兩類：

1. 潤滑劑與聚合物分子之間作用力強的，會在加工過程中存留在聚合物的內部，減少分子之間的摩擦力，達到減低黏度、便於流動的效果。
2. 潤滑劑與聚合物分子之間作用力弱的，在加工過程中會移至聚合物的表面，降低聚合物與加工機械表面的摩擦，而增加產品表面的光滑度。

7.9.2　脫模劑

　　一般是氟或矽的化合物，一般塗佈於模具的表面，由於這些化合物與聚合物分子之間的作用力低（參看第四章），故而有幫助脫模的效果。

複習

1. 請說明：

(a)聚合物的裂解過程；

(b)自動氧化；

(c)偶聯劑和交聯劑的功能和二者之間的差異。

2. 請說明下列各類化學品的功能：

(a)抗氧劑；(b)紫外線吸收劑；(c)填充料；(d)補強料；(e)色料；(f)阻燃劑；(g)靜電防止劑；(h)發泡劑；(i)助塑劑；(j)熱穩定劑；(k)加硫劑；(l)加工助劑；(m)橡膠的補強劑和助塑劑。

討論

1. 您在工廠中工作，需要選擇具某種功能的助劑，請詳述您的評選項目和各項的優先次序，以及決擇標準。

2. 市場上現有的某類助劑如果對一些聚合物的功效不理想，您需要設計一種新的化學品，請說明您在設計該化學品時所要考慮的因素。

Chapter 8
功能性聚合物

除了用作衣物、輪胎、日用品和家電用品之外，在對聚合物的結構與性質所累積的智識的基礎上，近年來發展出一批具有特定功能的聚合物材料。這些材料包括：

1. 根據聚合物膜的對分子和離子具有選擇性的透過性，並結合成膜的技巧，而製成分離膜（seperation membrane）。

2. 以多孔的聚合物作為骨架，將官能基聯結在聚合物的骨架上，得到：

   (1)離子交換（ion exchange）樹脂和膜。

   (2)吸附材料和高吸水材料。

   (3)催化劑。

3. 將具有化學功能的官能基聯到高分子聚合物上，以變成：

   (1)具有長效性的藥物。

   (2)方便分離的化學反應物。

   (3)具有長效性的染料和聚合添加劑。

   (4)試劑等。

4. 利用高分子聚合物本身的特性，用於：

   (1)導電性材料。

   (2)液晶材料，用於顯相（display）器材。

   (3)光敏材料，用於電子工業中的蝕刻（etching）。

   (4)光傳導材料，用作光纖。

   (5)光致色變材料，用於顯相。

5.醫用材料，例如：

　⑴人工器官、醫療器材。

　⑵藥用。

　　上列的各項材料，有的是商業產品，也有在發展中的產品。在本章將依次極簡略的說明：

1.具分離功能的聚合物材料。

2.參與化學反應的聚合物材料。

3.聚合物在電子工業中的應用。

4.醫療用聚合物材料。

5.其他用途的功能性聚合物。

8.1　具分離功能的聚合物材料

　　在化學合成和化工生產的過程中，均包含化學反應和分離兩種操作，分離過程的繁簡關係到整體生產流程的經濟性。傳統上 90% 的分離是利用分餾來達成目的，而分餾必須要用到潛熱（latent heat）所需要的能源大。在本節中所要討論的分離膜、吸附材料和離子交換樹脂均具有分離功能而不需要用到氣化熱。

　　依照功能來區分，分離樹脂和膜可分為下列四類：

1.第一類是膜中含有孔隙，具有*過濾*（filtration）功能的膜。

2.與第一類相同，但是分離功能是由聚合物所構成的基材中含有具離子交換功能的官能基所提供的*離子交換膜*（ion exchange membrane）或樹脂。

3.將滲透和蒸發兩種過程結合在一起的*滲透蒸發膜*（pervapora-tion）。

4.氣體分離膜。

5.吸附樹脂。

分述如下：

□ 8.1.1 過濾膜

利用纖維和用纖維的織物來除去流體中所含有的固態物即是過濾，這種傳統的過濾方法，可以除去粒徑在 10μ（0.01mm）以上的粒子。一般粒子和懸浮在液體中離子、分子的直徑範圍是：

粗粒	直徑 0.1～2mm（100～2,000μ）
細粒	10～100μ（0.01～0.1mm）
微粒（micro）	0.5～10μ
大分子（分子量>500）	10～500nm
小分子及離子	0.1～10nm（0.0001～0.01μ）

是以傳統的過濾方法的限制是無法處理微粒或更小的粒子。

用聚合物來製作膜，則可以利用一些技術來使膜中含有非常細微的孔，以除去流體中的微粒，分子和離子，這些技術包含有：

1.在聚合物中先混入可溶解於水或溶劑中的固態微粒，在製成膜之後，將這些可溶解的固態粒子洗出，即在膜中留下微孔。這一種方法所能得到的孔徑，受到固態粒子大小的限制，一般是在微孔範圍。

2. 另一種方法則是將聚合物溶解在一組包含有良溶劑和貧溶劑的溶劑中。用涎流法（film casting）製膜，在溶劑揮發後，即留下微孔。

膜中的孔隙必須貫穿整個膜的厚度，而由於孔徑甚小，是以膜必需：

1. 很薄，故而

2. 聚合物本身必須要具有高強度，或是

3. 將功能性的分離膜，支撐在另一層支撐膜上。即是在二層分離膜之間，夾有一層孔徑大（故而可以比較厚）的膜，形成一三明治結構。這種多層膜亦稱之為*複合膜*（composite membrane），是實務上的主流。

依照膜孔徑的大小，和過濾的對象，過濾膜分為三類：

1. *微濾*（micro filtration, MF）。

2. *超濾*（ultra filtration, UF）。

3. *逆滲透*（reverse osmosis, RO）。

這三類的功能比較如表 8–1。

過濾膜目前的主要用途如下：

1. 海水淡化，處理費用遠低於傳統的蒸發脫鹽法。

2. 水處理，例如家用飲水。

3. 食品例如果汁、咖啡等的濃縮，由於不用到高溫，故而能保持原有的風味。

4. 醫藥用，例如藥品的濃縮，其優勢在於不需要加熱，故不會影響

到藥的品質。

5.污水處理，例如染整、食品和造紙工業的廢水。

表 8-1　微濾、超濾和逆滲透的比較

項目	微濾（MF）	超濾（UF）	逆滲透（RO）
膜的材料	纖維素*，PVC 等，微孔膜等	PAN，聚碸等，複合膜	纖維素*中，Nylon 等，複合膜
操作時的壓差，MPa	0.01～0.2	0.01～0.5	2～10
分離的物質	>0.1μ 的粒子	分子量>500 的分子，和膠體懸浮物篩分	分子量<500 的分子，以及離子
分離機理	篩分，和傳統過濾相同	分子量>500 的分子，和膠體懸浮物篩分，以及膜的物、化性	非單純篩分，機理複雜
處理量（水的滲透量），立方米／（m²·日）	20～200	0.5～5	0.1～2.5

*醋酸纖維，人造絲（rayon）等。

8.1.2　離子交換膜和離子交換樹脂

如果：

1.聚合物本身是交聯聚合物，並具有下列性質：

　(1)不易碎裂。

　(2)不溶於溶劑。

　(3)含有微孔。

2.聚合物含有可離子化的基團，例如：

$$-CH_2-CH- \xrightarrow[\text{磺化}]{H_2SO_4} -CH_2-CH-$$

聚合物，PS

SO_3H

$\downarrow NaCl$

$$-CH_2-CH-$$

SO_3Na

含鈉的陽離子
交換樹脂

這就是*離子交換樹脂或膜*。

含有二價鈣、鎂鹽的硬水在通過離子交換膜或樹脂時，發生以下的變化：

$$2RSO_3^- Na^+ \begin{cases} Ca^{2+} \\ Mg^{2+} \end{cases} \begin{cases} (HCO_3^-)_2 \\ SO_4^- \\ Cl^- \end{cases} \longrightarrow 2RSO_3^- \begin{cases} Ca^{++} \\ Mg^{++} \end{cases} + \begin{cases} 2NaHCO_3 \\ Na_2SO_4 \\ 2NaCl \end{cases}$$

鈉離子交換樹脂

即是構成鍋垢的二價鈣、鎂被留在離子交換樹脂上，水成為軟水，水中的合鈉鹽量增加。這即是離子交換樹脂除去水中某些離子的過程。

續前例，當離子交換樹脂的功能基上含的鈣、鎂離子飽和時，可以通入含食鹽的水溶液，即可將樹脂上的鈣、鎂離子用鈉離子取代，恢復樹脂移去鈣美離子的功能，稱之為*再生*（regeneration）。

依照聚合物上所接上官能基的不同，離子交換樹脂的種類如表8−2。

離子交換樹脂中，苯乙烯和二乙基苯（divingl benzene, DVB）聚

合所得的交聯聚合物占 90%，其分子結構是：

表 8-2　離子交換樹脂的種類

名稱	官能基
強酸	$-SO_3Na$
弱酸	$-COOH, -PO_3H_3$等
強鹼	$-N^+(CH_3)_3, -N^+\begin{smallmatrix}(CH_3)_2\\CH_2CH_2OH\end{smallmatrix}$ 等
弱鹼	$-NH_2, -NHR, -NR_2$等
兩性	強鹼、弱酸（$-N^+(CH_3)_2, -COOH$）等 弱鹼、弱酸（$-NH_2, -COOH$）等
氧化還原	$-CH_2SH$, HO—⬡—OH 等
螯合	$-CH_2-N\begin{smallmatrix}CH_2COOH\\CH_2COOH\end{smallmatrix}$ 等

苯乙烯系的優點是可以接上不同的官能基，例如：

苯環 $\xrightarrow{\text{HOSO}_2\text{Cl}_2}$ ⬡—Cl

$\xrightarrow{\text{CH}_3\text{OCH}_2\text{Cl}}$ ⬡—CH_2Cl

$\xrightarrow{\text{CH}_3\text{COCl}}$ ⬡—$COCH_3$ $\xrightarrow{\text{NaBrO}}$ ⬡—COOH

其他的聚合物包含有聚丙烯酸酯、聚乙烯醇、聚環氧氯丙烷，以及氟碳聚合物等。

離子交換膜具有阻隔某種離子而只容許另一種離子通過的性質，利用這種特性，在工業上有下列用途：

1. *電滲析*（electro-dialysis），例如將一組交替排列的陽離子和陰離子交換膜固定於兩個電極之間，其中充有食鹽水；Cl^-離子向陽極移動，而 Na^+離子向陰極移動，是以可得含 Na^+Cl^-少的水溶液。這即是海水淡化的主要方法。

2. *膜電解*（electrolysis），在正負電極之間安放一組陰及陽離子離子膜，同樣加入食鹽溶液，則 Cl^-離子向陽極集中放出電子而以Cl_2氣體型態排出；Na^+離子向陰極集中接受電子且和水形成$NaOH$和H_2。這即是今日的鹼氯工業所採用的生產方法，所用的膜是碳氟膜。

　　同理，亦用於化學反應，例如：

$$2CH_2 = CHCN + 2H^+ + 2e^- \rightarrow NC(CH_2)_4CN$$

是已工業化的製程。

3. 製作純水用於鍋爐和家庭用水等，一般是和逆滲透配合使用。

4.食物和藥物的濃縮，在有電場存在時，離子移動的速度遠大於水的滲透速度，是以濃縮食物和藥物、除去色素或雜質的效果要比逆滲透好。

5.利用離子交換膜是能夠有選擇性的阻止離子通過的原理，用於電池和分析儀器。

8.1.3 滲透蒸發膜

膜的材質，可以是：

1.親水性，是以對水性分子的透過率好。

2.親油性，則油性（例如碳氫化合物）分子的透過性比較好。

利用膜對親水或親油滲透率不同的原則，如有以下的組合：

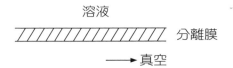

則可將溶液中容易滲透過分離膜的組分分離，稱之為*滲透蒸發*。

膜亦可和離子交換膜一樣的使帶有電荷，使帶有相反電荷的組分容易滲透、揮發而分離。

這一種分離方法用於：

1.脫水，利用親水性膜。

2.脫除含量少的有機化合物，利用親油性膜。

這是一仍在開發中的領域，具有潛力。

□ 8.1.4　氣體分離膜

利用聚合物膜對不同氣體的透過率具有選擇性，是以用於：

1. 氫的純化，這是 1980 年左右工業化的製程，用來除去氫中所含有的氧和二氧化碳。膜材包含有：聚肽和醋酸纖維（cellulose acetate）等。請注意，氫、氧和二氧化碳分子大小的差別很大，是比較容易分離的。

2. 利用矽系聚合物，來分離氧和氮，這是仍在發展中的技術。

現行氣體的分離方法，是將氣體壓縮為液態，再利用組分蒸氣壓的不同來分離。用膜分離氣體中微量的不純物，極具經濟上的誘因。

□ 8.1.5　吸附樹脂

和離子交換樹脂相同，*吸附樹脂*亦是：

1. 多孔高交聯度的聚合物粒子。

2. 樹脂上聯結具有吸附功能的官能基。

和離子交換樹脂不同的是，吸附樹脂的官能基是以其極性的強弱來區分，例如：

1. 含氮的基團例如氨基、吡啶（pyridine, C_5H_5N）等的極性最強。

2. $-\overset{\displaystyle O}{\underset{\displaystyle O}{\overset{\|}{\underset{\|}{S}}}}-$ ，$-\overset{\displaystyle O}{\overset{\|}{C}}-\overset{\displaystyle H}{\overset{|}{N}}-$ ，$-HN-\overset{\displaystyle O}{\overset{\|}{C}}-NH-$ 的極性次之。

3. $-\overset{\displaystyle O}{\overset{\|}{C}}-O-R$ 的極性弱。

吸附樹脂亦可再生。骨架材料以聚苯乙烯系列聚合物為主。用於自動植物中萃取有用的成分，化學製程中的萃取，以及廢水處理等。

8.2 具化學功能的聚合物

在這一類中可以區分為：

1. *聚合物催化劑*，以及

2. *高分子試劑*（reagent）兩大類。

☐ 8.2.1 聚合物催化劑

參看 7.1.2 節，在聚合苯乙烯時加入 DVB 作為交聯劑，得到高度交聯的聚苯乙烯粒子，而且粒子中充滿細孔，在磺化之後即得到：

$$Ⓟ-ph-SO_3H$$

其中：Ⓟ：聚合物，ph：苯環。

繼續反應：

$$Ⓟ-ph-SO_3H \xrightarrow{(Me_2NC_6H_4)_3P} Ⓟ-ph-SO_3〔HP(C_6H_4NMe_2)_3〕$$
$$\downarrow CO_2(CO)_8$$
$$Ⓟ-ph-SO_3〔HP(C_6H_4)_3〕$$
$$\llcorner phNMe_2-CO(CO)_2CO(CO)_4$$

(I)

(I)即是催化劑。目前在文獻中報導的聚合物催化劑有數百種，用

於氯化、絡合等等反應。

　　將均相（homogeneous）催化劑用化學鍵聯結在聚合上最大的好處，是易於在化學反應之後，回收催化劑。這一點在下節（7.2.2）中有進一步的說明。

　　如果能和沸石（zeolite）一樣，聚合物載體中微孔的大小能比較精密的控制，即是可以控制進入到載體內部分子的大小，因而選擇性可以很高，則聚合物催化劑將更具經濟上的競爭力。

◻ 8.2.2　高分子試劑

　　高分子試劑參與化學反應的情況如下：

1. 多孔的聚合物固態載體 P 上帶有官能基 F，用 PF 表示。
2. 將參與化學反應的主分子 S_1 聯結到 PF 上，得到 PFS_1。
3. PFS_1 在溶液中和第二反應物 S_2 反應，S_1 和 S_2 反應後得到 B_1。此時在固態的載體上得到 PFB_1。
4. 如果終端產品的分子結構比較複雜，則在生成 PFB_1 之後，用溶劑淋洗 PFB_1，再與第三種反應物 S_3 反應而得到 PFB_2。如此重複直至得到終端產品 PFB。

　　請注意，在使用高分子試劑時，每一步反應之間，只有用溶劑淋洗一步，即可進行下一步的反應。

　　如果是用傳統的均相合成，則在每一步反應之後都需要繁複的分離過程來取得主產品，然後才能進行下一步的反應。

5. 最後得到 PFB，使 PFB 脫解為 PF 和 B。PF 經過再生（regenera-

tion）之後再使用。PF 為固態，B 在溶液中，二者用過濾即可分離。B 則是與脫解用的溶劑及試劑混合在一起。經過純化即得到高純度的終端產品 B。

高分子試劑的優點是：

1. 大幅度減少反應過程中分離操作的複雜性；減少了操作的步驟。化學反應愈繁複，簡化的程度愈高。

2. 由於高分子試劑是固態，不會溶解或氣化；反應過程中聯結在高分子試劑上具有危害性的化學物品不會流失，減少了對環境的危害。

3. PF 可重複使用。

高分子試劑也具有下列缺點：

1. PF 的製作過程有其困難度，成本亦高。必須要在減少分離操作所節省下來的成本，和採用高價 PF 所增成的費用之間作判斷。

2. 在化學反應過程中，參與化學反應的 S_2、S_3 等也有可能會和聚合物反應。

3. 聚合物本身的分子結構，可能造成在化學反應時的空間位阻，防礙到化學反應的進行。

4. 高分子聚合物本身對溫度、壓力和參與化學反應的溶劑和化學品的耐力程度。

1963 年，R. B. Merrifield 首先用高分子試劑合成肽，並於 1984 年因此而獲得諾貝爾獎；他所使用的高分子載體是：

$$P-\langle\rangle-Cl$$

亦被稱之為 *Merrifield 聚合物*。

　　高分子試劑用於大分子的合成，例如：氨基酸、RNA、DNA 和多醣等。

8.3　用於電子工業的聚合物

　　在這一類中包含有：

1. 用於*光蝕刻*（photoetching）的*光敏*（photosenstive）聚合物。
2. 顯像用的*液晶*（liquid crystal）。
3. 光傳導用的光纖（optical fiber）和光碟材料。
4. 導電性聚合物。

　　分述如下：

8.3.1　光敏聚合物

　　在製作電路包括電路板（PCB）和 120 奈米以上 IC（integrated ci-ricut）時，一定會用到將部分表面遮蓋，然後在暴露的表面上做氧化、*滲雜*（doping）等操作。圖 8-1 是微電路生產過程中的一部分操作，步驟(c)和(f)的光蝕刻過程如圖 8-2：

　　圖 8-2 中列有正和負蝕刻劑兩種：

1. *負*（negative）*蝕刻劑*，是指聚合物在光的照射下分解為小分子，因而可溶解於溶劑，可被洗除。這一類例如聚異丁烯。
2. *正*（positive）*蝕刻劑*是在光的照射下形成不溶解的巨大分子，而未受到光照射的部分則可被溶劑洗去。又可分成二類：

(1)一類是在光的影響下進行交聯，例如聚異戊二烯。

(2)另一類是在光的影響下，進行聚合反應而形成不溶的大分子。例如聚烯酯、不飽和聚酯樹脂和聚胺酯等系列。聚合型正光蝕刻聚合物亦大量用於印刷製版。

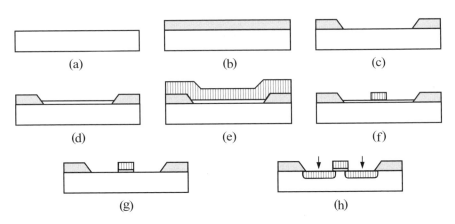

(a)晶片表面用酸洗淨，假定晶片為 P 型；

(b)將表面氧化為 SiO_2，SiO_2層的功用是隔離；

(c)利用光刻，腐蝕去中間的 SiO_2，被腐蝕掉的區域，即是電路元件區；

(d)生成一層薄的 SiO_2；

(e)塗上一層保護性的聚合物膜；

(f)利用光刻，僅在元件的 gate 部分（圖中凸出部分）留下保護膜；

(g)腐蝕在(d)步驟所生成的 SiO_2；

(h)利用拓散（diffusion）或離子植入（ion implantation）方法，使變為 n 或 P 型。

圖 8-1　微電路製造過程示意圖

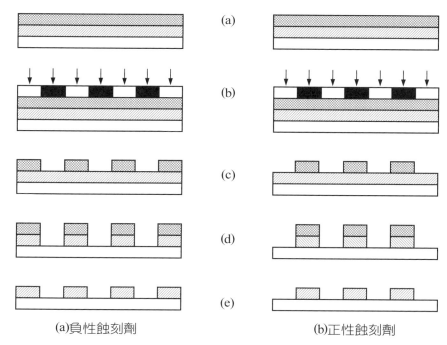

(a)負性蝕刻劑　　　　　　　　(b)正性蝕刻劑

(a)塗佈一層光致抗蝕（photoresist）塗料，一般約 1μ 厚。然後乾燥；

(b)感光，圖中的黑白相間部分是光罩（mask）；

(c)腐蝕，由光致抗蝕塗料有正、負二類，正型與光上圖形相同，負型則相反；

(d)腐蝕；

(e)洗去光致抗蝕塗料。

圖 8-2　光刻流程

8.3.2　光纖和光碟材料

　　常見到具有良好透明性的聚合物有三種，即是 PS、PMMA 和 PC。其中以 PC 的抗衝擊性能最好，而且加工性比 PMMA 好。

　　PMMA 和 PC 均可用作光纖。而 PC 因為容易加工，是用於光碟

的唯一材料。

PS 則因太脆，不能用作要求比較嚴苛的器材。

□ 8.3.3　導電性聚合物

具有共軛（conjugate）π 鍵的聚合物，當在其中滲雜（doping）有碘等的物質之後，其導電性質可以有 13 個數級的變化（自 10^{-10} 至 10^3），即是可以由絕緣體，隨著滲雜量的變化，而轉變成為半導體（semiconductor）和導體；並且具有和半導體相同的性質，即是導電率隨溫度上升而增加，這些聚合物有：

聚乙炔	Polyacetylene, PA	$-C=C-$
聚吡咯	Polypyrrole, PPY	
聚礎吩	Polythiophene, PTH	
聚對亞苯	Polyparaphenylene, PPP	
聚苯乙炔		
聚苯胺	Polyaniline, PANI	

這是一個相對新的領域，所得產品的性質和聚合過程、滲雜過程和滲雜物質均有關係。聚苯胺目前已用於電視機外殼的電磁波屏障，其他的發展方向主要是仿照和取代目前的半導體，例如：

1. 光電子零件，例如*發光二極體*（light emission diode），整流和放大元件。

2. 二次電池的電極，利用多孔聚合物的表面面積很大。

3.感應器（sensor）。

4.若干軍事隱身技術。

　　和現行的半導體材料相比較，導電性聚合物具有容易塑造成任何形狀的優點。

8.4　醫療用的聚合物材料

　　第一種用於人體的合成聚合物，是自 1936 年沿用至今的 PMMA 假牙。自 1960 年代開始，大量的研究工作投入到下列三方面：

*1.*一是用於藥物的輔助材料，和控制藥物在人體內的釋放速度。

*2.*另一是醫療用物，其中包括：

　(1)*一次性的醫療用品*，例如注射針筒、導管、縫合線、醫用粘合劑等。

　(2)治療用的設備，例如血液透析（洗腎）。

3.人工器官。

　　此一領域涉及的學門非常廣而複雜，以下僅能作非常簡略的敘述。

8.4.1　用於藥物的聚合物

　　可以分為二類：

*1.*一是口服藥用的補助材料，和

*2.*控制藥物釋放的材料。

8.4.1.1 口服藥的輔助材料

口服的丸、錠中，除了藥的成分之外，包含有：

1. *賦形劑*，即是填充料，或是稀釋劑。賦形劑以天然產物為主，例如乳糖、澱粉、微晶纖維（microcrystalline fiber）及其他的變性纖維和澱粉。

2. *黏著劑*，是將所有的成分黏合在一起的水溶性成分，亦以天然產物和其人工變性的產品，例如明膠（gelatine），天然及變性的澱粉和纖維。

3. *崩解劑*，即是具使錠劑均勻散開的添加物，例如微晶纖維、明膠、和澱粉及變性澱粉等。

前列三類補助材料，經常具有一種以上的功能：

4. *潤滑劑*，這是有利於錠劑模壓成形的助劑，包括聚山梨醇酯，聚乙二醇酯等。

5. 膠囊殼，以明膠為主。

8.4.1.2 控制藥物釋放速度的聚合物

控制藥物釋放有三種做法：

1. 一種是改變包在藥物外面的聚合物種類，聚合物在胃腸中不同的地方溶化而釋出藥物，例如：

   (1)腸溶性藥物是在藥物外層包覆：蟲膠（aleurtic acid 脂），醋酸纖維素鄰苯二甲酸脂及其他變性纖維，蟲膠等在胃中能保持 6 小時以上不溶，而在腸道中在 10 分鐘左右溶解。

   而明膠、海藻酸鈉、聚乙二醇和變性澱粉等則在腸中溶解困

難。

(2)另一種方式是將藥物包覆在微膠囊（micro encapsulation）中，

微膠囊外的聚合物可，

(A)控制藥物滲透的速度，或

(B)在體內以不同的速度溶解。

以達到控制藥物釋放的速度，此一方法可用於：

(A)內服藥例如長效感冒藥，和

(B)長效藥劑。

(3)大的分子比較不容易透過人體內的生物膜，故而如果將藥物附

著在一個大分子上，藥物的吸收和排出均受到大分子降解的影

響。這是仍在開發中的領域。

8.4.2　用於醫療器材的聚合物

以下將分為兩部分來敘述：

8.4.2.1　一次性用品

這一部分可分作：

1.體外用品，例如注射針筒、管道、藥物容器包括點滴袋和黏著膠

帶等。用於和人體相關的材料必需：

(1)不能釋放出任何物質，即是不能含有低分子量的添加物。

(2)不能含有刺激人體的成分，和會與藥物反應的成分。是以從聚

合開始，用於醫療用的材料都必須特別加以管制和控制。

用於針筒和藥物容器的聚合物，以 PE 為主，包括控制流量裝制。

軟質的包裝袋，以 PVB（poly vinyl butyral）為主。

管件目前的趨式是用 SEBS 為主。

黏著劑，例如膠帶，其黏膠部分是以聚丙烯酸酯為主。

2. 用於人體中的物料，例如縫合傷口的線以及黏合傷口的黏膠。其中：

(1)用於人體內的縫合線目前的趨勢是以能為人體吸收的材質為主，其中：

(A)天然產物，以下列五類為主：

(a)膠原蛋白（telopeptide）。

(b)明膠。

(c)纖維蛋白（fibrinogen）。

(d)甲殼素（chitin）及其聚醣（chitosan）。

(e)透明質膠（hyaluronic acid）。

其中膠原蛋白、纖維蛋白具有止血功能，用於止血棉、甲殼素有幫助傷口癒合的功能。

(B)合成聚合物包括：

(a)乳酸和乙醇酸的聚合物。

(b)聚酯醚。

(c)聚 W−羥基酸。

8.4.2.2　人工器官用聚合物

長期留存在人體內的物器，必須是要有*生物惰性*（biological insert），生物惰性是一個相對性的名詞，在此處的意義是在某一時間內不會在人體內引起排斥作用。目前已證實具有生物惰性的合成聚合物包含有：

1. 矽系聚合物，依照分子量和單體的不同有低分子量的油，和高分子量且交聯的彈性體。這一系列用於人體的歷史最久。前數年矽油在人體內的影響引起了極大的爭議，而 Dow Corning 公司也受到損失；在一定的意義上，此一事件是顯示了不宜泛用。矽系聚合物在人體器官上仍有一定的價值。

2. 聚氨酯系列，是以彈性體用作管、膜和瓣等。

3. 聚甲基丙烯酸甲酯：用作假牙、骨、體內黏著劑等。

4. 碳氧系列和分子量極高的 PE，用於人造骨等。

在此一領域內的新發展是*人體組織工程*（tissue engineering），是將人工合成材料和活性生材料共同使用，以便製造出和生物完全相容而且能在生物體繼續生長的材料。例如將皮膚的組織附著在合成材料上，使皮膚組織繼續更快速的生長，再移植到生物體上。

8.4.3　醫療用器材

顯例是利用如本章 7.1 節中所述的具分離功能的聚合物膜和中空纖維，來除去血液中所含有的雜質，稱之為*血漿淨化*或是*洗腎*。所用的分離膜或中空纖維包含有：

1. 再生纖維，例如人造絲。

2. 醋酸纖維（cellulose acetate）。

3. 丙烯腈與丙烯酸以及磺化異丁烯的共聚合物。丙烯腈是疏水性，而丙烯酸和磺化異丁烯是親水性，這是一個組合 AN 的強度和親水性物質以達到所需要性質的例子。

4. 結晶與非結晶 PMMA 的組合。

5. 乙烯和乙烯醇的共聚合物，亦是將疏水與親水組合在一起。

6. 聚肽。

7. 尼龍（聚醯胺）。

被過濾掉的物質，和膜或中空纖維中的孔徑，以及膜和中空纖維的親水性相關。發展的方向是能選擇性的除去特定雜質。

8.5 其他功能性聚合物

在本部分中將討論：

1. *高吸水材料*，和

2. *長效性化合物*，

兩部分。

8.5.1 高吸水材料

高吸水材料需要具備兩個條件：

1. 一是具有高親水性，例如棉。每個棉的分子上有三個 $-OH$ 基，是以可以吸收很多水分。

2. 另一需要是在壓力下能保持水分不流失，故而分子結構必須有剛性，例如棉即不能滿足此一要求。

目前商業上使用的高吸水材料主要包括下列三類：

(1) 天然澱粉和下列各單體接技後再交聯產物：

    (A) 丙烯腈。

    (B) 丙烯酸鹽。

    (C) 丙烯酸醯胺（acrylic amide）。

    (D) 澱粉、丙烯酸醯胺及馬來酐（maleic anhydride, MA）的共聚

合物，MA 提供交聯。

　　等。

(2)天然纖維，與和澱粉相同的單體接技、交聯。

(3)合成聚合物，以含親水基團的丙烯酸及其衍生物，和聚乙烯醇，聚合成可交聯的共聚合物。

　　高吸水性聚合物用於：

　*1.*日常使用的紙尿布、衛生棉等。

　*2.*用於土壤保水用，尤其是在缺水地區。

　　目前高吸水聚合物的吸水率為本身重量的 700 倍以上，可以承受 3 倍的地心引力而不失水。

□ 8.5.2　長效性化學製品

　　大的分子不易揮發和流失，如果將功能性的化合物聯結到聚合物分子上，即可具有長效的結果，一如同 7.4.1.2 節中所提到的長效藥劑。達到實用階段的長效性的化合物有：

　*1.*高分子表面活性劑。

　*2.*除草劑。

　*3.*船用塗料中之防貝類劑。

　*4.*高分子染料。

等。

　　由於分子量大的物質流失得慢，故而將對環境有害的化合物長效化，在實質上是減少了有害物質流入環境，因而減低其危害性。

複習

請說明：

　　1. 功能性聚合物。

　　2. 分離性聚合物的種類和功能。

　　3. 聚合物催化劑和試劑的優點，和需要改進的地方。

　　4. 聚合物在電子工業中的重要性，目前用量多的是哪些？具有潛力
　　　 的是哪些？

　　5. 用於醫療用的聚合物依功能可分為哪幾類？

　　6. 長效性化合物的優劣點是什麼？

討論

1. 相對於其他的材料，聚合物有哪些優勢？

2. 在本章所討論過的範圍內，你覺得功能性聚合物：

　 (A)在哪些領域中對減少生產成本的可能貢獻最大？

　 (B)在哪些領域中發展前景最好？

　 (C)在哪些領域中對人類發展的前途最具影響力？

　 請詳述理由。

附錄 A　聚合物物理性質的測定方法及其意義

聚合物化學結構的檢測方法，和有機化學相同。分子量的測定在第四章討論過；T_g 和 T_m 的測定在第二章中有簡略的敘述。

在這裡將分成七部分來討論聚合物的物理性質及其意義：

1. 試樣的前處理。

2. 一般物性。

3. 機械強度（mechanical strongth）。

4. 熱性質（thermal properties）。

5. 電性質（electrical properties）。

6. 抗力（resistance）。

7. 測定結果的可靠性。

A.1　試樣的前處理

由於塑膠的性質隨溫度及所含水分之不同而改變，為了要能得到可靠的結果，在沒有測定性質之前，ASTM D 618−61 規定厚度在 6mm 以下的樣品需要放在溫度為 23±2℃，相對的濕度為 ±50% 的地方 40 小時，厚度在 6mm 以上的樣品則需放置 88 小時。

如果需要作室溫範圍以外的測定，ASTM D 618−61 中也有詳細的規定。

A.2　一般物性

A.2.1　比重及密度（specific gravity and density）

塑膠的比重是決定單位體積價格的重要因素，此外由於塑膠的比重與結晶度有關，故在品質管制上亦有其重要性。測定比重的規格有二，即是 ASTM D 792−64T 和 ASTM D 1505−63T。比重與密度這兩個名詞常被通用，請注意比重的定義是物體與水在23℃時體積之比，而密度的定義是單位體積在23℃時的重量。由於水在23℃時的密度小於 1，故

$$密度＝比重 \times 0.99756$$

A.2.2　硬度（hardness）

測定硬度的基本方法，是某一尖而硬的東西在受力情況下能進入塑膠多深，由於設計的不同，測定硬度的儀器有 Rockwell、Shore 及 Bacol 等三類，其中 Rockwell 軟硬都可以測，也是 ASTM D 785−62 規範中所指定的方法。Shore 用來測軟物質，Bacol 用來測硬物質，不同方法測出的硬度沒有固定的公式可以把數字轉換成另一種測定方法的結果，塑膠的硬度不能代表強度，也不代表抗摩擦力，只是來作為參考用。對熱固塑膠來說，硬度與塑膠的硬化程度有關。

□ A.3　機械強度

A.3.1　抗拉力、抗拉係數及伸長率（tensile strength, tensile modulus and elongation）

　　這三種性質的測定方法都在 ASTM D 638−61T 中詳細規定。試樣的厚度在 3mm 左右，寬度及長度則隨試樣的性質不同而改變。抗拉力是塑膠強度的指針，如圖 2−8 所示，當塑膠受力變彎時，在下半部分所受的仍是拉力，故抗彎性質與抗拉力有直接的關係。抗拉係數是應力與應變直線的斜率，代表塑膠在受力時變形的多少。一般工程設計的原則是以在變形為某一定值時的應力作為基準。應力與應變直線下之面積愈大，塑膠的強度愈好。

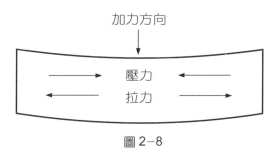

圖 2−8

A.3.2　抗彎力及抗彎係數（flexural strength and modulus）

　　這是把樣品支持在兩端中間受力時的強度。由於熱塑膠比較軟，在這種受力的情形下只會變形而不會折斷。測定方法是 ASTM D 790−66。

A.3.3 抗壓性質（compressive properties）

由於在設計上很少用到抗壓性質，這一類的性質僅配合其他質料作為參考用，測定方法是 ASTM D 695−63T。

A.3.4 受壓下的變形（deformation under load）

在這個測驗中所測定的是在受一定的壓力 24 小時後塑膠變形的多少，所得出的結果可用作設計上的參考，但不同於長期受力的性質。測定方法是 ASTM D 621−64。

A.3.5 剪力強度（shear strength）

由於塑膠體及膜實際受力的情形與剪力強度的測定情況相近似，所以由此一測驗所得出的結果可用為決定塑膠用途的參考。測定方法是 ASTM D 32−46。

A.3.6 抗衝擊力（impact strength）

在這個測驗中，有缺口（notched）或是沒有缺口的塑膠體受一個擺的衝擊。所得到的結果代表打斷塑膠所需要的能量。測定方法是 ASTM D 256−56。對軟塑膠如 PE 而言，在擺的衝擊下常不會折斷，它們的抗衝擊性是由落球（falling ball）方法測定，即是將一重量的球由某高度落到塑膠板上。詳細方法由 ASTM D 1709−67 規定。

❑ A.4 熱性質

A.4.1 熱膨脹係數（coefficient of thermal expansion）

從這項資料中可以預測在成形時的收縮率。測定方法是 ASTM D 696−70 及 ASTM D 864−52。

A.4.2 變形溫度（deflection temperature）

在這個測驗中，試樣下面相隔 4 英吋受支持，中間受力 66 或 264psi，試樣及其周圍的溫度以 2℃／分鐘的速率增高，當試樣彎了 0.01 英吋時的溫度，即訂為變形溫度。這項測定的結果可用來比較不同塑膠可使用的溫度。測定方法是 ASTM D 648−56。

A.4.3 Vicat 軟化點（Vicat soft point）

這是在試樣上放一個針，試樣及周圍的溫度以 50℃／小時的速率上升，針進入試樣 1mm 深時的溫度即是 Vicat 軟化點。這個測驗常用於 PE，所得到的結果可以比較不同塑膠軟化的溫度。測定方法是 ASTM D 1525−65T。

❑ A.5 電性質

A.5.1 介電強度（dielectric strength）

介電強度常用 Volts/mil 表示，代表每 1/1000 英吋（1mil）厚塑膠在不漏電情形下所能承受的最高電壓，這是某一塑膠能否作絕緣體的

指針。測定方法是 ASTM D 149−64。

A.5.2　介電常數及耗失係數（dielectric constant and dissipation factor）

這兩個性質與電場的頻率有關，通常列出在不同頻率時的數值。耗失係數代表電場在塑膠中能量的損失，數值愈大則表示損失愈大，所損失的能變為熱量，用於高頻率的絕緣物需要耗失係數小的塑膠。介電常數低代表絕緣性質好，介電常數低的塑膠是好絕緣物。介電常數與耗失係數的乘積叫做損失係數（loss factor）。其意義與耗失係數相同。測定的方法是 ASTM D 150−64T。

A.5.3　電阻（electric resistance）

這代表塑膠的電絕緣性質，測定方法是 ASTM D 257−610。

A.5.4　Arc 電阻（Arc resistance）

這項測驗代表塑膠對高電壓低電流的抗力。測定方法是 ASTM D 495−610。

A.6　抗力

A.6.1　吸水率（water adsorption）

這是以試樣浸在 23℃的水中 24 小時後重量變化的百分比來表示。因為塑膠吸水後性質會減低，故而吸水率是塑膠非常重要的性質。吸水率是依照 ASTM D 570−63T 測定。

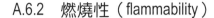
A.6.2　燃燒性（flammability）

試樣成 45°角由一端水平固定，另一端用本生燈的燈焰在試樣下
3/8 英吋處燒試樣 30 秒。如果試樣沒有點燃則再重複燒一次。兩次都
沒有點燃則謂之不燃（non burning），如果點燃後在 4 英吋之內火焰
熄滅則謂之自熄（self extinguishing）。如燒到 4 英吋之後則用每分鐘
燃燒的長度來表示。這個測驗的結果用來作為塑膠燃燒性的比較。上
述測定方法是 ASTM D 635−63。同時參閱第七章氧指數（OI）。

A.6.3　化學物的抗力（chemical resistance）

這類測驗通常是把試樣浸在某一化學藥品中若干時間之後，再測
定其強度。以浸後強度與浸前強度之百分比作為比較的基準。這是塑
膠抗化學藥品包括酸、鹼的指針。詳細方法記在 ASTM D 581−68 中。

A.6.4　抗氣候性（weather resistance）

根據 ASTM D 1435−65T，試樣以 45°角向南平放，觀察試樣在不
同時間所發生的變化。這種試驗費時甚多，可以根據 ASTM E−42 方
法或用 FDA−R 氣候器（FDA−R Fadeometer）來加速測驗。

❑ A.7　測定結果的可靠性

聚合物強度測定所得到的結果，與下列各因素有關：

1. 試樣的厚薄：一般說來，試樣愈薄所得到的強度愈大，這種現象
   對抗彎力最為顯著。
2. 測定時受力的速度：這是指機械下壓或上拉的速度，速度愈慢，

所得到的強度愈大。

3.試樣的備製：極端的例子是抗壓力及抗衝擊力。抗壓力試樣的兩端面愈平行，愈光滑所得到的結果愈好。在做抗衝擊力測驗時，缺口的切法與所得結果有很大的關係。

聚合物性質測定的結果，必須要說明樣品的尺寸，測驗時的條件，否則得不到可靠的結果。

附錄 A1　聚合物的原料及來源

A1.1　聚合物的原料

聚合物的原料為：

- 烯氫（olefin）：主要是乙烯（ethylene）和丙烯（propylene）。
- 雙烯（diene）：以丁二烯（butadiene）為主要。
- 芳香族（aromatics）：即苯（benzene）、甲苯（toluene）和二甲苯（xylene）三者合稱 BTX。

它們的來源，以及和各種聚合物的關係，分述如後。

A1.1.1　烯氫

烯氫中的乙烯最重要、也是用量最大的單一原料。丙烯次之。

乙烯重要衍生物如下：

- 以乙烯為單體，聚合後得 PE。
- 乙烯氧化後得環氧乙烯（ethylene oxicle, EO），$\overset{O}{\underset{}{CH_2CH_2}}$，與水反應後得乙二醇（ethylene glycol, EG），$HOCH_2CH_2OH$。乙二醇為官能基對稱的二元醇，與二元酸酯化得聚酯類聚合物。例如與官能基對稱的對苯二甲酸酯，得線型的聚酯纖維。
- 乙烯與氯或鹽酸反應，得二氯乙烯（ethylene dichlorid, EDC），裂解後得氯乙烯（vingl chloride monomer, VCM）。VCM 是 PVC 的單體，亦可和其它單體共聚。
- 乙烯與基烷基化後得乙苯（ethgl benzene, EB），EB 脫氫得苯乙烯

（styrene monomer, SM）。SM 是苯乙烯系列聚合物的主要單體；
SM 和丁二烯共聚，得 SBR 及 SBS 橡膠。

丙烯的重要衍生物如下：

· 丙烯作為單體直接聚合得 PP。

· 丙烯氧化後得丙二醇（propylene glycol, PG），$\underset{OH \quad OH}{CH_2 - \overset{CH_3}{\overset{|}{CH}}}$，為官能

基不對稱的二元醇，與二元酸酯化後得到非線型的聚酯聚合物，例
如不飽和聚酯樹酯。丙二醇大量用作 PU 系統中的 poly-01。

· 丙烯可氧化為丙烯酸，酯化後得一系列的丙烯酸酯。

· 丙烯與苯烷基化後得丙苯，然後得酚（phenol）及丙酮（ace-
tone）。酚經一系列反應後得雙酚（bis phenol A）。雙酚是 PC 的
單體（− OH 基對稱）及環氧樹酯的主單體之一（− OH 不一定對
稱）。酚與甲醛聚合為酚樹酯（phenolic resin）。

· 丙烯與丙酮反應後可得甲基丙烯酸甲酯（MMA）。MMA是PMMA
的單體，並用於和其它單體共聚。

· 丙烯在有氨存在中氧化，得丙烯氰（acrynitrile, AN）。AN 是聚丙
烯腈人纖的單體，亦用於和其它單體共聚，例如 ABS。

· 丙烯鹵化後可得環氧氯丙烷（epichlorohydrin），是環氧樹酯的主要
單體（另一為雙酚）。

· 在經過一系列反應後可得異辛醇，在與鄰苯二甲酸酯化後得 DOP_y
是 PVC 最主要的助塑劑。

綜合來說，乙烯和丙烯是塑膠類聚合物最主要的原料。同時也是人纖類中 PAN 的原料，聚酯纖維主要單體之一。

苯乙烯和 AN 也是合成橡膠類聚合物的重要單體；乙烯和丙烯是 EPM/EPDM 的單體。

A1.1.2　雙烯

合成橡膠中，除了以乙烯和丙烯為原料的 EPM/EPDM 及以異丁烯為原料的丁基橡膠之外，丁二烯均為主要的單體。異戊二烯的來源受到限制，其用途受限於來源。

丁二烯亦可作為巳二酸及巳二胺（尼龍 6/6 的單體）的原料。

合成橡膠最重要的原料是丁二烯。

A1.1.3　芳香族

芳香族中以苯的用途最廣，除了前述的與乙烯烷基化後得苯乙烯，和與丙烯烷基化後得酚及雙酚之外，其它的主要衍生物有：

· 苯經氫化為環巳烷、再氧化為環巳酮之後，可經由一系列反應得到巳二酸（adipic acid）及巳二胺（hexa ethylene diamine），是為尼龍 616 的單體；以及 CPL（caprolactaum），尼龍 6 的單體。

· 苯經過硝化、氫化等一系列反應，可得 MDI，是聚胺酯系列聚合物的重要單體。

甲苯的主要用途是經硝化、氫化等一系列反應後得到 TDI，是聚胺酯系列聚合物的主要單體。

二甲苯的主要用途是氧化為二元酸。官能基不對稱的鄰及間二甲

苯的二元酸用於不飽和聚酸樹酯等聚合物，及PVC的助塑劑。官能基對稱的對苯二甲酸（PTA）用於聚酯人纖等。

芳香族中的苯是尼龍的最主要原料，對苯二甲酸是聚酯纖維的主要原料。

□ A1.2 烯氫、雙烯和芳香族的來源

烯氫、雙烯和芳香族均來自化石燃料（forsil fules），即是來自天然氣、石油和煤。其中雙烯和烯氫的生產，大致相同。分述如後。

A1.2.1 烯氫和雙烯

蘊藏於自然界的碳氫化合物，均是比較安定的飽和碳氫化合物。作為工業原料的烯氫和雙烯，是將天然的飽和碳氫化合物，經由裂解（cracking）反應所得到的。

由於乙烯是需求最大的烯氫，故而將碳氫化合物裂解為烯氫的操作，是以生產最大量的乙烯為目標，統稱為乙烯裂解。但是由於裂解原料分別來自天然氣和石油，裂解的生成物分佈有顯著的不同。略如下表：

表 A1-1　不同原料裂解生成物分佈，佔進料的重量%

	乙烷	輕油（碳五至碳九的烷）
乙烯	82	32～36
丙烯	1	20～22
丁二烯	—	5～6
		（異戊二烯約 1 至 $1\frac{1}{2}$）

即是：

- 以自天然氣中取得的碳氫化合物為乙烯裂解原料時，所得到的產品基本上只有乙烯，及少量的丙烯，而不含丁二烯。
- 以自石油中分餾出來的碳氫化合物為裂解原料時，除了乙烯之外，有相當於 60%乙烯量的丙烯，和相當於乙烯量 15%的丁二烯及少量的異戊二烯。

在此之外，煉油廠中有將大分子碳氫化合物裂解為汽油的裝置，稱之為流動床催化裂解（fluidized bed catalyfic cracking, FCC）。FCC 的副產品中含有丙烯，及可進一步脫氫為丁二烯的丁烯。

綜合以上：

- 乙烯的來源為碳氫化合物的裂解，此一操作亦可稱為：熱裂解（thermal cracking）或蒸氣裂解（steam cracking，裂解時加入很多蒸氣，故名）。依照原料的不同，又分為天然氣裂解（gas cracker，原料在常溫下為氣態，故名），和輕油裂解（naphtha cracker，用輕油為原料，故名）。
- 丙烯的來源為輕油裂解，以及 FCC。
- 丁二烯的來源為輕油裂解，亦可自丁烯脫氫取得。

A1.2.2　芳香族

芳香族的來源有二：

- 一是碳焦油（coal tar），即是將天然煤乾餾為焦碳時所得到的碳氫化合物副產品，是傳統化學工業原料的來源。由於焦碳是製鐵所需的還原劑，其需求量由鋼鐵的生產量來決定，不能算作是具自主性的 BTX 來源。

・另一則是將石油中芳香族分離出來，由於石油的需求量大，循此一途徑可依 BTX 的需求來決定其產量。

目前 BTX 的來源以石油為主要，自煤焦油分離出的佔少量。

選列下列參考書的原則是假定讀者在看完本書之後，藉由下列參考書來對其中某些部分作進一步的理解，然後再進一步去閱讀專業資料。是以所列出書的程度相當於一般高分子物理、化學或加工，而範圍比較廣。

Deanin, R. D. "Polymer structure, Properties and Applications", McGraw Hall (1978).

Gruenwald, G. "Plastics-How Structure Determines Properties", Hanser (1993).

Feldman, D. and A. Barbalata "Synthetic Polymers", Chapman and Hall (1996).

（編按：本書對各類聚合物的合成、特性和用途均有比較詳細的說明，所列的參考資料亦詳盡。）

鄧啟剛等主編，「材料化學導論」，哈爾濱工業大學出版社，（1999）。

韓哲文主編，「高分子科學教程」，華東理工大學出版社，（2001）。

Rodriguez, F. "Principle of Polymer Systems", Hemisphere Publishing (1986).

Young, R. J. and P. A. Lovell "Introduction to Polymers" 2nd ed. Chapman and Hall (1991).

Fried, J. R. "Polymer Science and Technology", Prentice-Hall (1995).

Elias, H. G. "An Introduction to Polymer Science", VCH (1997).

何曼君等主編,「高分子物理」,復旦大學出版社,(1997)。

金日光、華幼卿主編,「高分子物理」第 2 版,化學工業出版社,
（2000）。

Gedde, U. W. "Polymer Physics", Chapman and Hall (1995).

Sperling, L. H. "Introduction to Physical Polymer Science", John Wiley and Sons(1992).

張興英主編,「高分子化學」,中國輕工業出版社,（2000）。

潘祖仁主編,「高分子化學」,化學工業出版社,（1986）。

蕭超渤、胡遠華,「高分子化學」,武漢大學出版社,（1998）。

趙德仁、張慰盛主編,「高聚物合成工薪學」,化學工業出版社,
（1997）。

王國全等編著,「聚合物改性」,中國輕工業出版社,（2000）。

天津輕工學院編,「塑料助劑」,中國輕工業出版社,（1997）。

王貴恆主編,「高分子材料成型加工原理」,化學工業出版社,
（1991）。

馬建標主編,「功能高分子材料」,化學工業出版社,（2000）。

趙文元、王亦軍主編,「功能高分子材料化學」,化學工業出版社,
（1998）。

Flory, P. J. "Principles of Polymer Chemistry", (1953).

　（按：高分子聚合物的理論基礎和方向是由這本書所建立的,這本書的文字和說理均清晰易讀,其結論雖然已多經修正,但書中所指出的方向和結構迄今未變,值得有志者細讀。）

國家圖書館出版品預行編目資料

高分子材料導論／徐武軍編著. -- 二版.
-- 臺北市：五南圖書出版股份有限公司,
2012.10
面； 公分
ISBN 978-957-11-6787-9（平裝）

1.工程材料　2.高分子化學

440.3　　　　　　　　101015194

5E23

高分子材料導論(增修版)
An Introduction to Polymeric Materials

作　　者— 徐武軍（180.4）

企劃主編— 王正華

責任編輯— 楊景涵

出 版 者— 五南圖書出版股份有限公司

發 行 人— 楊榮川

總 經 理— 楊士清

總 編 輯— 楊秀麗

地　　址：106臺北市大安區和平東路二段339號4樓

電　　話：(02)2705-5066　　傳　真：(02)2706-6100

網　　址：https://www.wunan.com.tw

電子郵件：wunan@wunan.com.tw

劃撥帳號：01068953

戶　　名：五南圖書出版股份有限公司

法律顧問　林勝安律師

出版日期　2004年 6 月初版一刷（共四刷）

　　　　　2012年10月二版一刷

　　　　　2024年 8 月二版四刷

定　　價　新臺幣350元

經典永恆・名著常在

五十週年的獻禮——經典名著文庫

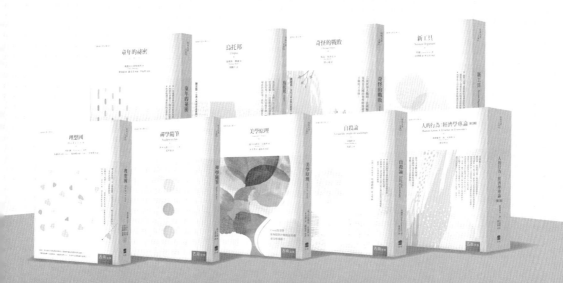

五南，五十年了，半個世紀，人生旅程的一大半，走過來了。

思索著，邁向百年的未來歷程，能為知識界、文化學術界作些什麼？

在速食文化的生態下，有什麼值得讓人雋永品味的？

歷代經典・當今名著，經過時間的洗禮，千錘百鍊，流傳至今，光芒耀人；

不僅使我們能領悟前人的智慧，同時也增深加廣我們思考的深度與視野。

我們決心投入巨資，有計畫的系統梳選，成立「經典名著文庫」，

希望收入古今中外思想性的、充滿睿智與獨見的經典、名著。

這是一項理想性的、永續性的巨大出版工程。

不在意讀者的眾寡，只考慮它的學術價值，力求完整展現先哲思想的軌跡；

為知識界開啟一片智慧之窗，營造一座百花綻放的世界文明公園，

任君遨遊、取菁吸蜜、嘉惠學子！